·林木种质资源技术规范丛书·
丛书主编：郑勇奇 林富荣

(2-7)

枫香属种质资源
描述规范和数据标准

DESCRIPTORS AND DATA STANDARDS FOR SWEETGUM GERMPLASM RESOURCES

(LIQUIDAMBAR Linn.)

林富荣 孙荣喜 / 主编

中国林業出版社
CFPH China Forestry Publishing House

图书在版编目(CIP)数据

枫香属种质资源描述规范和数据标准/林富荣，孙荣喜主编. —北京：中国林业出版社，2022.11

ISBN 978-7-5219-1957-8

Ⅰ.①枫… Ⅱ.①林… ②孙… Ⅲ.①枫香属-种质资源-描写-规范 ②枫香属-种质资源-数据-标准 Ⅳ.①S792.990.4

中国版本图书馆 CIP 数据核字(2022)第 207310 号

中国林业出版社·风景园林分社

责任编辑：张　华

出版发行：中国林业出版社(100009　北京西城区德内大街刘海胡同 7 号)

网　　址：http://lycb.forestry.gov.cn

电　　话：(010)83143566

印　　刷：北京中科印刷有限公司

版　　次：2022 年 11 月第 1 版

印　　次：2022 年 11 月第 1 次

开　　本：710mm×1000mm　1/16

印　　张：6.75

字　　数：127 千字

定　　价：39.00 元

林木种质资源技术规范丛书编辑委员会

《枫香属种质资源描述规范和数据标准》编者

主　编　林富荣　孙荣喜

副主编　李　斌　赖玖鑫　张荣洋

执笔人　林富荣　孙荣喜　李　斌　郑勇奇　黄　平　赖玖鑫　胡兴宜　庞宏东　路　佳　臧凤岐　张世超　王　伟　刘　海　范怡琳

审稿人　李文英

林木种质资源技术规范丛书

前言 PREFACE

林木种质资源是林木育种的物质基础，是林业可持续发展和维护生物多样性的重要保障，是国家重要的战略资源。中国林木种质资源种类多、数量大，在国际上占有重要地位，是世界上树种和林木种质资源最丰富的国家之一。

我国的林木种质资源收集保存与资源数字化工作始于20世纪80年代，至2018年年底，国家林木种质资源平台已累计完成9万余份林木种质资源的整理和共性描述。与我国林木种质资源的丰富程度相比，林木种质资源相关技术规范依然缺乏，尤其是特征特性的描述规范严重滞后，远不能满足我国林木种质资源规范描述和有效管理的需求。林木种质资源的特征特性描述为育种者和资源使用者广泛关注，对林木遗传改良和良种生产具有重要作用。因此，开展林木种质资源技术规范丛书的编撰工作十分必要。

林木种质资源技术规范的制定是实现我国林木种质资源工作的标准化、数字化、信息化，实现林木种质资源高效管理的一项重要任务，也是林木种质资源研究和利用的迫切需要。其主要作用是：①规范林木种质资源的收集、整理、保存、鉴定、评价和利用；②评价林木种质资源的遗传多样性和丰富度；③提高林木种质资源整合的效率，实现林木种质资源的共享和高效利用。

林木种质资源技术规范丛书是我国首次对林木种质资源相关工

作和重点林木种质资源的描述进行规范，旨在为林木种质资源的调查、收集、编目、整理、保存等工作提供技术依据。

林木种质资源技术规范丛书的编撰出版，是国家林木种质资源平台的重要任务之一，受到国家科技部平台中心、国家林业和草原局等主管部门的指导，并得到中国林业科学研究院和平台参加单位的大力支持，在此谨致诚挚的谢意。

由于本书涉及范围较广，难免有疏漏之处，恳请读者批评指正。

丛书编辑委员会

2019 年 5 月

前言 PREFACE

枫香属(*Liquidambar*)原属于金缕梅科(Hamamelidaceae)，APG Ⅳ系统已将其归为蕈树科(Altingiaceae)同，多为高大落叶乔木，属内4种2变种，分别为枫香树(*Liquidambar formosana* Hance)、缺萼枫香树(*Liquidambar aclycina* Chang)、北美枫香(*Liquidambar styraciflua* L.)、苏合香(*Liquidambar orientalis* Mill.)。枫香树和缺萼枫香树为我国特有乡土树种，喜温暖湿润气候，性喜光，耐干旱瘠薄。枫香树主要产于中国秦岭及淮河以南各地，东南亚亚热带地区常见分布。缺萼枫香树主要分布于中国长江以南各地，与枫香树的主要区别是头状果序不具宿存的萼齿，且主要生长于海拔600 m以上的山地。苏合香主要分布于亚洲西部的小亚细亚、土耳其等地区，中欧有栽培。北美枫香主要分布于北美以及中美洲部分地区。分布于墨西哥等地的*Liquidambar macrophylla*被认为是北美枫香的变种。

枫香属树种叶片颜色多变，五彩缤纷，是良好的景观树种，具有良好的观赏价值。由于叶色变异较多，能形成较好的自然景观，我国许多著名观赏红叶的景点都是以枫香属树为主要树种的，如文成县的“红枫古道”、红安县的天台山风景区。近年来，枫香属作为彩叶树种逐渐受到人们的重视，市场上对其彩叶新品种的需求也日益增加，在其丰富的种质资源中也相继选育出‘金钰’‘福禄紫枫1号’‘荣兴’‘银鹿’和‘南林红’等彩叶品种，极大地丰富了城市景观树种，在城市园林景观建设中具有巨大的应用前景。

枫香属种质资源描述规范和数据标准的制定是国家林木种质资源平台建设的重要内容。制定统一的枫香属种质资源规范标准，有利于整合全国枫香属种质资源，规范枫香属种质资源的收集、整理和保存等基础性工作，创造良好的资源和信息共享环境和条件；有利于枫香属种质资源的保护、利用和创新，促进全国枫香属种质资源的有序和快速发展。

枫香属种质资源描述规范规定了枫香属种质资源的描述符及其分级标准，以便对枫香属的种质资源进行标准化整理和数字化表达。枫香属种质资源数据标准规定了枫香属种质资源各描述符的字段名称、类型、长度、小数位和代码等，以便建立统一、规范的枫香属种质资源数据库。枫香属种质资源数据质量控制规范规定了枫香属种质资源数据采集全过程中的质量控制内容和质量控制方法，以保证数据的系统性、可比性和可靠性。

《枫香属种质资源描述规范和数据标准》由中国林业科学研究院林业研究所和江西农业大学主持编写，湖北省京山市虎爪山林场(枫香、皂荚国家林木种质资源库)、湖北省林业科学研究院、红安县林业局等单位参加了部分工作。在编写过程中，参考了国内外有关文献，由于篇幅有限，书中仅列主要参考文献，并在此致谢。

由于编者水平所限，错误和疏漏之处在所难免，敬请批评指正。

编者

2022 年 5 月

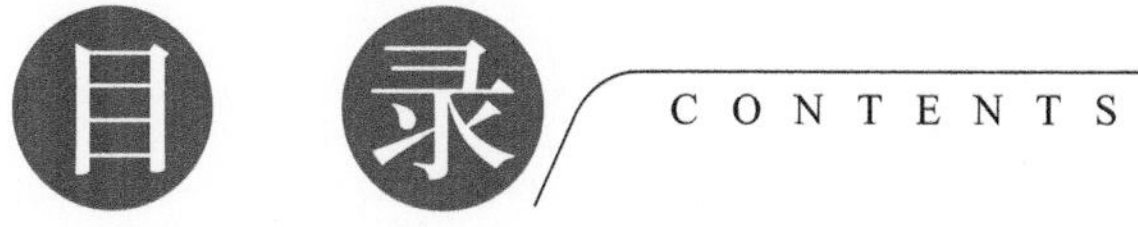

目录 CONTENTS

枫香属种质资源描述规范和数据标准制定的原则和方法

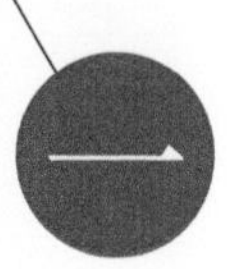

1 枫香属种质资源描述规范制定的原则和方法

1.1 原则

1.1.1 优先采用现有数据库中的描述符和描述标准。

1.1.2 以种质资源研究和育种需求为主，兼顾生产与市场需要。

1.1.3 立足中国现有基础，考虑将来发展，尽量与国际接轨。

1.2 方法和要求

1.2.1 描述符类别分为6类。

1 基本信息

2 形态特征和生物学特性

3 品质特性

4 抗逆性

5 抗病虫性

6 其他特征特性

1.2.2 描述符代号由描述符类别加两位顺序号组成，如“106”“218”“601”等。

1.2.3 描述符性质分为3类。

M 必选描述符(所有种质必须鉴定评价的描述符)

O 可选描述符(可选择鉴定评价的描述符)

C 条件描述符(只对特定种质进行鉴定评价的描述符)

1.2.4 描述符的代码应是有序的，如数量性状从细到粗、从低到高、从小到大、从少到多、从弱到强、从差到好排列，颜色从浅到深，抗性从强到弱等。

1.2.5　每个描述符应有一个基本的定义或说明。数量性状应标明单位，质量性状应有评价标准和等级划分。

1.2.6　植物学形态描述符应附有模式图。

1.2.7　重要数量性状以数值表示。

2　枫香属种质资源数据标准制定的原则和方法

2.1　原则

2.1.1　数据标准中的描述符与描述规范相一致。

2.1.2　数据标准优先考虑现有数据库中的数据标准。

2.2　方法和要求

2.2.1　数据标准中的代号与描述规范中的代号一致。

2.2.2　字段名最长 12 位。

2.2.3　字段类型分字符型(C)、数值型(N)和日期型(D)。日期型的格式为 YYYYMMDD。

2.2.4　经度的类型为 N，格式为 DDDFFMM；纬度的类型为 N，格式为 DDFFMM，其中 D 为(°)，F 为(′)，M 为(″)；东经以正数表示，西经以负数表示；北纬以正数表示，南纬以负数表示。如“1173626”指的是东经 117°36′26″，“-391920”指的是南纬 39°19′20″。

3　枫香属种质资源数据质量控制规范制定的原则和方法

3.1.1　采集的数据应具有系统性、可比性和可靠性。

3.1.2　数据质量控制以过程控制为主，兼顾结果控制。

3.1.3　数据质量控制方法具有可操作性。

3.1.4　鉴定评价方法以现行国家标准和行业标准为首选依据；如无国家标准和行业标准，则以国际标准或国内比较公认的先进方法为依据。

3.1.5　每个描述符的质量控制应建立在田间设计的基础上，包括样本数、群体大小、时间或时期、取样数和取样方法、计量单位、精确度和允许误差以及采用的鉴定评价规范和标准、使用的仪器设备、性状观测和等级划分方法、数据校验和数据统计分析方法。

枫香属种质资源描述简表

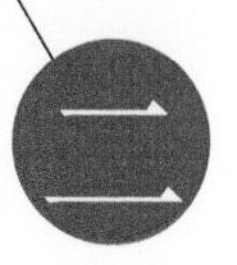

序号	代号	描述字段	描述符性质	单位或代码
1	101	资源流水号	M	
2	102	资源编号	M	
3	103	种质名称	M	
4	104	种质外文名	O	
5	105	科中文名	M	
6	106	科拉丁名	M	
7	107	属中文名	M	
8	108	属拉丁名	M	
9	109	种中文名	M	
10	110	种拉丁名	M	
11	111	原产地	M	
12	112	原产省	M	
13	113	原产国家	M	
14	114	来源地	M	
15	115	归类编码	O	
16	116	资源类型	M	1：野生资源(群体、种源)　2：野生资源(家系)　3：野生资源(个体、基因型)　4：地方品种　5：选育品种　6：遗传材料　7：其他
17	117	主要特性	M	1：高产　2：优质　3：抗病　4：抗虫　5：抗逆　6：高效　7：其他
18	118	主要用途	M	1：材用　2：食用　3：药用　4：防护　5：观赏　6：其他

（续）

序号	代号	描述字段	描述符性质	单位或代码
19	119	气候带	M	1：热带　2：亚热带　3：温带　4：寒温带 5：寒带
20	120	生长习性	M	1：喜光　2：耐盐碱　3：喜水肥　4：耐干旱
21	121	开花结实特性	M	
22	122	特征特性	M	
23	123	具体用途	M	
24	124	观测地点	M	
25	125	繁殖方式	M	1：有性繁殖（种子繁殖）　2：无性繁殖（扦插繁殖） 3：无性繁殖（嫁接繁殖）　4：无性繁殖（根繁） 5：无性繁殖（分蘖繁殖）　6：无性繁殖（组织培养/体细胞培养）
26	126	选育（采集）单位	C	
27	127	育成年份	C	
28	128	海拔	M	m
29	129	经度	M	
30	130	纬度	M	
31	131	土壤类型	O	
32	132	生态环境	O	
33	133	年均温度	O	℃
34	134	年均降水量	O	mm
35	135	图像	M	
36	136	记录地址	O	
37	137	保存单位	M	
38	138	单位编号	M	
39	139	库编号	O	
40	140	引种号	O	
41	141	采集号	O	
42	142	保存时间	M	YYYYMMDD
43	143	保存材料类型	M	1：植株　2：种子　3：营养器官（穗条、根穗等） 4：花粉　5：培养物（组培材料）　6：其他
44	144	保存方式	M	1：原地保存　2：异地保存　3：设施（低温库）保存
45	145	实物状态	M	1：良好　2：中等　3：较差　4：缺失

（续）

序号	代号	描述字段	描述符性质	单位或代码
46	146	共享方式	M	1：公益性　2：公益借用　3：合作研究　4：知识产权交易　5：资源纯交易　6：资源租赁　7：资源交换　8：收藏地共享　9：行政许可　10：不共享
47	147	获取途径	M	1：邮递　2：现场获取　3：网上订购　4：其他
48	148	联系方式	M	
49	149	源数据主键	O	
50	150	关联项目及编号	M	
51	201	生活型	M	1：乔木　2：小乔木
52	202	树龄	O	年
53	203	树高	M	m
54	204	胸径	M	cm
55	205	冠幅	M	m
56	206	冠形	M	1：柱状　2：窄卵球形　3：近平展　4：阔卵球形　5：圆锥形　6：球形
57	207	树姿	M	1：近直立　2：斜上伸展　3：近平展　4：半下垂
58	208	树干通直度	M	1：通直　2：略弯　3：弯曲
59	209	自然整枝	O	1：差　2：较差　3：中等　4：较好　5：好
60	210	幼树树皮表面形态	O	1：平滑　2：纵向裂纹　3：块状开裂
61	211	幼树栓翅密度	O	1：无或近无　2：少　3：中　4：多
62	212	幼树栓翅着生部位	O	1：树干　2：枝条　3：树干和枝条
63	213	当年生枝粗	O	mm
64	214	当年生枝颜色	O	1：黄　2：黄绿　3：绿　4：红　5：紫红
65	215	当年生枝花青素着色部位	O	1：近无　2：仅枝条上部　3：全部
66	216	叶片质地	M	1：纸质　2：厚纸质　3：革质
67	217	叶片光泽度	M	1：弱　2：中　3：强
68	218	叶面被毛	M	1：无　2：稀疏　3：较密
69	219	叶背被毛	M	1：无　2：稀疏　3：较密
70	220	叶基形状	M	1：平截　2：心形　3：深心形
71	221	叶长	M	cm
72	222	叶宽	M	cm
73	223	叶柄长	M	cm
74	224	叶柄颜色	M	1：黄　2：黄绿　3：中绿　4：深绿　5：红　6：紫

（续）

序号	代号	描述字段	描述符性质	单位或代码
75	225	叶柄被毛	M	1：无　2：稀疏　3：较密
76	226	托叶长	M	cm
77	227	托叶与叶柄是否连生	M	1：是　2：否
78	228	叶片是否复色	O	1：是　2：否
79	229	叶片复色部位	O	1：叶缘　2：叶中部　3：不规则
80	230	幼叶的主色	M	1：黄　2：黄绿　3：中绿　4：深绿　5：红　6：紫　7：深紫
81	231	新叶的主色	M	1：黄　2：黄绿　3：中绿　4：深绿　5：红　6：紫
82	232	夏季成熟叶上表面主色	M	1：黄　2：黄绿　3：中绿　4：深绿　5：红　6：紫
83	233	秋季主色	M	1：中绿　2：深绿　3：黄　4：橙黄　5：橙红　6：红　7：紫红　8：红褐
84	234	叶片次色(仅对复叶品种)	C	1：白　2：黄　3：红　4：紫
85	235	叶片裂数	M	1：3 裂　2：5 裂　3：3 裂和 5 裂
86	236	叶裂深度	M	1：浅　2：中　3：深
87	237	叶片中裂片与邻侧裂片夹角	M	1：小　2：中　3：大
88	238	叶片中裂片形状	M	1：披针形　2：三角形　3：卵形　4：阔卵圆形　5：条形
89	239	中裂片是否开裂	M	1：是　2：否
90	240	中裂片叶缘	M	1：全缘　2：尖锐细锯齿　3：浅波状齿　4：不规则粗齿
91	241	中裂片顶端形状	M	1：长渐尖　2：渐尖　3：急尖　4：突尖　5：圆钝
92	242	单叶鲜重	O	g
93	243	单叶干重	O	g
94	244	叶片含水量	O	%
95	245	宿存萼齿	O	1：无或极短　2：有
96	246	果(蒴果)径	O	cm
97	247	果柄长	O	cm
98	248	种皮颜色	O	1：灰　2：褐　3：灰褐
99	249	单株结果量	O	kg
100	250	单果种子数	O	粒

（续）

序号	代号	描述字段	描述符性质	单位或代码
101	251	种子饱满程度	O	1：瘪　2：不饱满　3：饱满
102	252	种子千粒重	O	g
103	253	发芽率	O	%
104	254	种子长	O	mm
105	255	种子宽	O	mm
106	256	种子长宽比	O	
107	257	种翅长	O	mm
108	258	种翅宽	O	mm
109	259	种翅长宽比	O	
110	260	萌芽期	M	月　日
111	261	抽梢期	M	月　日
112	262	展叶期	M	月　日
113	263	始花期	M	月　日
114	264	盛花期	M	月　日
115	265	末花期	M	月　日
116	266	果实成熟期	M	月　日
117	267	果实发育期	M	d
118	268	秋色叶变色始期	M	月　日
119	269	落叶期	M	月　日
120	270	落叶末期	M	月　日
121	271	秋色叶持续时间	M	d
122	272	生长期	M	d
123	301	枫脂精油含量	O	%
124	302	精油：单萜烯含量	O	%
125	303	精油：半萜烯含量	O	%
126	304	叶片总灰分含量	O	%
127	305	叶片酸不溶性灰分含量	O	%
128	306	叶片水溶性浸出物含量	O	%
129	307	叶片黄酮类含量	O	%
130	308	一年生植株苗高	O	cm
131	309	一年生植株地径	O	cm
132	310	树高年均生长量	C/品种	cm

（续）

序号	代号	描述字段	描述符性质	单位或代码
133	311	胸径年均生长量	C/品种	cm
134	312	材积年均生长量	C/品种	m^3
135	313	古树	C/古树	1：是　2：否
136	314	古树胸径	C/古树	cm
137	315	古树树高	C/古树	m
138	316	古树冠幅	C/古树	m
139	317	古树树龄	C/古树	年
140	318	古树级别	C/古树	1：一级　2：二级　3：三级
141	319	木材基本密度	O	g/cm^3
142	320	木材纤维长度	O	mm
143	321	木材纤维宽度	O	μm
144	322	木材纤维长宽比	O	
146	323	木材纤维含量	O	%
146	324	木材造纸得率	O	%
147	325	木材顺纹抗压强度	O	1：高　2：较高　3：中　4：较低　5：低
148	326	木材抗弯强度	O	1：高　2：较高　3：中　4：较低　5：低
149	327	木材干缩系数	O	
150	328	木材弹性模量	O	
151	329	木材硬度	O	1：硬　2：中　3：软
152	330	木材冲击韧性	O	1：强　2：中　3：差
153	401	抗旱性	O	1：强　2：中　3：弱
154	402	耐涝性	O	1：强　2：中　3：弱
155	403	抗寒性	O	1：强　2：中　3：弱
156	404	耐盐碱	O	1：强　2：中　3：弱
157	405	抗晚霜能力	O	1：强　2：中　3：弱
158	501	漆斑病抗性	O	1：高抗　3：抗病　5：中抗　7：感病　9：高感
159	502	黑斑病抗性	O	1：高抗　3：抗病　5：中抗　7：感病　9：高感
160	503	白粉病抗性	O	1：高抗　3：抗病　5：中抗　7：感病　9：高感
161	504	樟蚕抗性	O	1：高抗　3：抗病　5：中抗　7：感病　9：高感
162	505	天幕毛虫抗性	O	1：高抗　3：抗病　5：中抗　7：感病　9：高感
163	506	大蚕蛾抗性	O	1：高抗　3：抗病　5：中抗　7：感病　9：高感

（续）

序号	代号	描述字段	描述符性质	单位或代码
164	507	栎毛虫抗性	O	1：高抗 3：抗病 5：中抗 7：感病 9：高感
165	601	指纹图谱与分子标记	O	
166	602	备注	O	

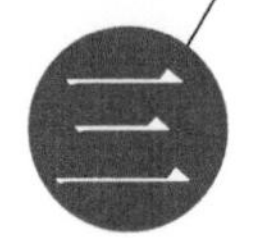

枫香属种质资源描述规范

1 范围

本规范规定了枫香属种质资源的描述符及其分级标准。

本规范适用于枫香属种质资源的收集、整理和保存，数据标准和数据质量控制规范的制定，以及数据库和信息共享网络系统的建立。

2 规范性引用文件

下列文件中的条款通过本规范的引用而成为本规范的条款。凡是注日期的引用文件，其随后所有的修改单(不包括勘误的内容)或修订版均不适用于本规范，然而，鼓励根据本规范达成协议的各方研究是否可使用这些文件的最新版本。凡是不注日期的引用文件，其最新版本适用于本规范。

GB/T 2260—2007　中华人民共和国行政区划代码

GB/T 2659—2000　世界各国和地区名称代码

GB/T 12404—1997　单位隶属关系代码

GB/T 14072—1993　林木种质资源保存原则与方法

LY/T 2192—2013　林木种质资源共性描述规范

GB 1935—1991　木材顺纹抗压强度试验方法

GB 1927—1943—91　木材物理力学性质试验方法

GB 2772—1999　林木种子检验规程

GB 7908—1999　林木种子质量分级

GB/T 16620—1996　林木育种及种子管理术语

LY/T 2661—2016　立木生物量模型及碳计量参数——枫香

LY/T 3207—2020　植物新品种特异性、一致性、稳定性测试指南 枫香属

GB/T 1941—2009　木材硬度实验方法

GB/T 1940—2009　木材冲击韧性试验方法

GB/T 1936. 1—2009　木材抗弯强度试验方法

GB/T 1933—1991　木材密度测定方法

3　术语和定义

3.1　枫香属

枫香属(*Liquidambar*)是东亚-北美的特有属，为第三纪孑遗植物，属于较原始的被子植物类型的原始进化类型，已经成为研究北半球洲际间物种不连续分布的焦点研究对象。枫香属共包含 4 种 2 变种，间断分布在东亚、西亚与北美及中美地区。中国具有 2 种 1 变种，即枫香树(*L. formosana*)及其变种山枫香树(*L. formosana* var. *monticola*)、缺萼枫香树(*L. acalycina*)，其中缺萼枫香树为我国特有种，山枫香树为我国特有变种。苏合香(*L. orientalis*)，孤立分布于亚洲西部的小亚细亚、土耳其等地区。北美枫香(*L. styraciflua*)分布在北美洲以及中美洲的洪都拉斯和危地马拉等地区。分布于中美洲墨西哥等地的 *L. macrophylla* 被认为是北美枫香的变种。

3.2　枫香属种质资源

枫香属种、品种和古树等。

3.3　基本信息

枫香属种质资源基本情况描述信息，包括资源编号、种质名称、学名、原产地和种质类型等。

3.4　形态特征和生物学特性

枫香属种质资源的植物学形态、产量和物候期等特征特性。

3.5　品质特性

枫香属种质叶片和枫香属枫脂的化学特性以及木材特性：枫香属叶片化学成分、枫脂精油含量、木材基本密度、纤维长度、纤维宽度、造纸得率、顺纹抗压强度、干缩系数、冲击韧性等。

3.6　抗逆性

枫香属种质资源对各种非生物胁迫的适应或抵抗能力，包括抗旱性、耐涝性、抗寒性、耐盐碱能力、抗晚霜能力等。

3.7 抗病虫性

枫香属种质资源对各种生物胁迫的适应或抵抗能力，包括漆斑病、黑斑病、白粉病、樟蚕、天幕毛虫、大蚕蛾、栎毛虫等。

3.8 年发育周期

在一年中随外界环境条件的变化而出现一系列的生理和形态变化，并呈现一定的生长发育规律性。这种随气候而变化的生命活动过程，称为年发育周期，可分为营养生长期、生殖生长期和休眠期 3 个阶段。营养生长期和生殖生长期包括萌动期、抽梢期、展叶期、始花期、盛花期、末花期、果实成熟期、秋叶变色期和落叶期等。有 5%的冬芽萌发，并开始露出幼叶为萌动期。5%的幼叶展开为展叶期。5%的花全部开放为始花期，25%的花全部开放为盛花期，75%的花全部开放为末花期。50%的果实颜色由绿色转变为黄色，种子发育成熟的时期为果实成熟期。秋季全树有 10%的叶片变色时的日期，为秋叶变色始期。植株叶片色泽褪绿、变黄、脱落为落叶期。

4 基本信息

4.1 资源流水号

枫香属种质资源进入数据库自动生成的编号。

4.2 资源编号

枫香属种质资源的全国统一编号。由 15 位符号组成，即树种代码(5 位)+保存地代码(6 位)+顺序号(4 位)。

树种代码：采用树种学名(拉丁名)的属名前 2 位字母+种名前 3 位字母组成，即 LIFOR；

保存地代码：是指资源保存地所在县级行政区域的代码，按照 GB/T 2260—2007 的规定执行；

顺序号：该类资源在保存库中的顺序号。

4.3 种质名称

每份枫香属种质资源的中文名称。

4.4 种质外文名

国外引进枫香属种质资源的外文名，国内种质资源不填写。

4.5 科中文名

蕈树科

4.6 科拉丁名

Altingiaceae

4.7　属中文名

枫香属

4.8　属拉丁名

Liquidambar L.

4.9　种名或亚种名

枫香属种质资源在植物分类学上种(Species)的中文名称

4.10　种拉丁名

枫香属植物拉丁名，由属名+种加词+命名人组成

4.11　原产地

国内枫香属种质资源的原产县、乡、村、林场名称。依照 GB/T 2260—2007 的要求，填写原产县、自治县、县级市、市辖区、旗、自治旗、林区的名称以及具体的乡、村、林场等名称。

4.12　原产省

国内枫香属种质资源原产地，依照 GB/T 2260—2007 的要求，填写原产省(自治区、直辖市)的名称；国外引种枫香属种质资源原产国家(或地区)一级行政区的名称。

4.13　原产国家

枫香属种质资源的原产国家或地区的名称，依照 GB/T 2659—2000 中的规范名称填写。

4.14　来源地

国外引进的枫香属种质资源的来源国家名称、地区名称或国际组织名称；国内枫香属种质资源的来源省、县名称。

4.15　归类编码

采用国家自然科技资源共享平台编制的《自然科技资源共性描述规范》(中国科学技术出版社，2006)，依据其中“植物种质资源分级归类与编码表”中林木部分进行编码(11 位)。枫香属的归类编码是 11131117173。

4.16　资源类型

枫香属种质资源的类型。

1　野生资源(群体、种源)

2　野生资源(家系)

3　野生资源(个体、基因型)

4　地方品种

5　选育品种

6　遗传材料

7 其他

4.17 主要特性

枫香属种质资源的主要特性。

1 高产
2 优质
3 抗病
4 抗虫
5 抗逆
6 高效
7 其他

4.18 主要用途

枫香属种质资源的主要用途。

1 材用
2 食用
3 药用
4 防护
5 观赏
6 其他

4.19 气候带

枫香属种质资源原产地所属气候带。

1 热带
2 亚热带
3 温带
4 寒温带
5 寒带

4.20 生长习性

描述枫香属种质资源在长期自然选择中表现的生长、适应或喜好。

1 喜光
2 耐盐碱
3 喜水肥
4 耐干旱

4.21 开花结实特性

枫香属种质资源的开花和结实周期。

4.22 特征特性

枫香属种质资源可识别或独特的形态、特性。

4.23 具体用途

枫香属种质资源具有的特殊价值和用途。

4.24 观测地点

枫香属种质资源的形态、特性观测和测定地点。

4.25 繁殖方式

枫香属种质资源的繁殖方式。

1 有性繁殖(种子繁殖)

2 无性繁殖(扦插繁殖)

3 无性繁殖(嫁接繁殖)

4 无性繁殖(根蘖)

5 无性繁殖(分蘖繁殖)

6 无性繁殖(组织培养/体细胞培养)

4.26 选育(采集)单位

选育枫香属品种的单位或个人(野生资源的采集单位或个人)。

4.27 育成年份

枫香属品种育成的年份。

4.28 海拔

枫香属种质原产地的海拔高度，单位为 m。

4.29 经度

枫香属种质原产地的经度，格式为 DDDFFMM，其中 D 为度，F 为分，M 为秒，东经以正数表示，西经以负数表示。

4.30 纬度

枫香属种质原产地的纬度，格式为 DDFFMM，其中 D 为度，F 为分，M 为秒，北纬以正数表示，南纬以负数表示。

4.31 土壤类型

枫香属种质资源原产地的土壤条件，包括土壤质地、土壤名称、土壤酸碱度或性质等。

4.32 生态环境

枫香属种质资源原产地的自然生态系统类型。

4.33 年均温度

枫香属种质资源原产地的年平均温度，通常用当地最近气象台近 30~50 年的年均温度，单位为℃。

4.34 年均降水量

枫香属种质资源原产地的年均降水量，通常用当地最近气象台近 30~50

年的年均降水量，单位为 mm。

4.35 图像

枫香属种质资源的图像信息，图像格式为 .jpg。

4.36 记录地址

提供枫香属种质资源详细信息的网址或数据库记录链接。

4.37 保存单位

枫香属种质资源的保存单位名称(全称)。

4.38 单位编号

枫香属种质资源在保存单位中的编号。

4.39 库编号

枫香属种质资源在种质资源库或圃中的编号。

4.40 引种号

枫香属种质资源从国外引入时的编号。

4.41 采集号

枫香属种质资源在野外采集时的编号。

4.42 保存时间

枫香属种质资源被收藏单位收藏或保存的时间，以“年月日”表示，格式为“YYYYMMDD”。

4.43 保存材料类型

保存的枫香属种质材料的类型。

1 植株
2 种子
3 营养器官(穗条、根穗等)
4 花粉
5 培养物(组培材料)
6 其他

4.44 保存方式

枫香属种质资源保存的方式。

1 原地保存
2 异地保存
3 设施(低温库)保存

4.45 实物状态

枫香属种质资源实物的状态。

1 良好

2 中等

3 较差

4 缺失

4.46 共享方式

枫香属种质资源实物的共享方式。

1 公益性

2 公益借用

3 合作研究

4 知识产权交易

5 资源纯交易

6 资源租赁

7 资源交换

8 收藏地共享

9 行政许可

10 不共享

4.47 获取途径

获取枫香属种质资源实物的途径。

1 邮递

2 现场获取

3 网上订购

4 其他

4.48 联系方式

获取枫香属种质资源的联系方式。包括联系人、单位、邮编、电话、E-mail 等。

4.49 源数据主键

链接枫香属种质资源特性或详细信息的主键值。

4.50 关联项目及编号

枫香属种质资源收集、选育或整合的依托项目及编号。

5 形态特征和生物学特性

5.1 生活型

枫香属种质资源长期适应生境条件，在形态上表现出的生长类型。

1 乔木

2 小乔木

5.2　树龄

描述枫香属种质性状时该资源的实测或估测年龄，单位为年。

5.3　树高

枫香属成龄树从地面根基部到树梢最高处之间的距离，单位为 m。

5.4　胸径

成龄树距地面 1.3 m 处的直径，单位为 cm。

5.5　冠幅

成龄树树冠南北或者东西方向宽度的平均值，单位为 m。

5.6　冠形

枫香属种质资源主枝基角的开张角度、植株高度和枝条的生长方向等表现出的树冠形态(图 1)。

1　柱状
2　窄卵球形
3　卵球形
4　阔卵球形
5　圆锥形
6　球形

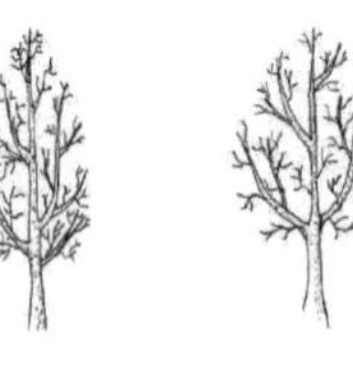

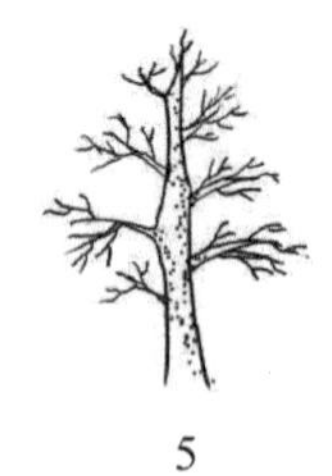

图 1　植株冠形

5.7　树姿

未整形修剪的成龄(指进入盛果期的树，下同)枫香属种质资源树枝、干的角度大小(图 2)。

1　近直立
2　斜上伸展
3　近平展
4　半下垂

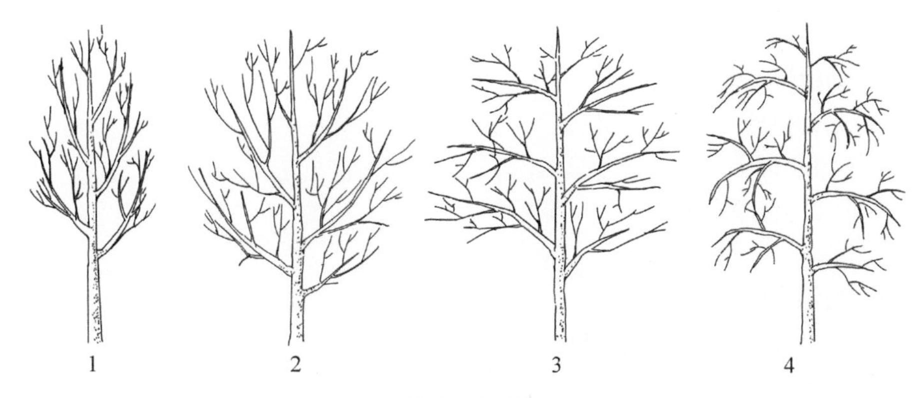

图 2　树姿

5.8　树干通直度

成龄植株主干的通直程度。

1　通直

2　略弯

3　弯曲

5.9　自然整枝

自然状态下，幼树郁闭后，处于树冠基部的枝条因光照不足逐渐枯落的现象。

1　差

2　较差

3　中等

4　较好

5　好

5.10　幼树树皮表面形态

幼树指的是树龄小于 10 年的枫香属种质单株(下同)，观察枫香属种质幼树植株树皮的外观形态。

1　平滑

2　纵向裂纹

3　块状开裂

5.11　幼树栓翅密度

观察幼树栓翅的着生密度。

1　无或近无

2　少

3　中

4 多

5.12 幼树栓翅着生部位

观察幼树栓翅的着生部位。

1 树干

2 枝条

3 树干和枝条

5.13 当年生枝粗

植株上部成熟的当年生枝中段粗度，单位为 mm。

5.14 当年生枝颜色

植株上部成熟的当年生枝中段枝条表面的颜色。

1 黄

2 黄绿

3 绿

4 红

5 紫红

5.15 当年生枝花青素着色部位

春末夏初，枫香属种质顶部当年生枝花青素着色部位。

1 近无

2 仅枝条上部

3 全部

5.16 叶片质地

成熟叶片所表现出的质地状况。

1 纸质

2 厚纸质

3 革质

5.17 叶片光泽度

成熟叶片在阳光照射的情况下的光泽度强度。

1 弱

2 中

3 强

5.18 叶面被毛

成熟叶片表面被毛状况。

1 无

2 稀疏

3 较密

5.19 叶背被毛

成熟叶片背面被毛状况。

1 无

2 稀疏

3 较密

5.20 叶基形状

成熟叶片基部与叶柄连接处的形状(图3)

1 平截

2 心形

3 深心形

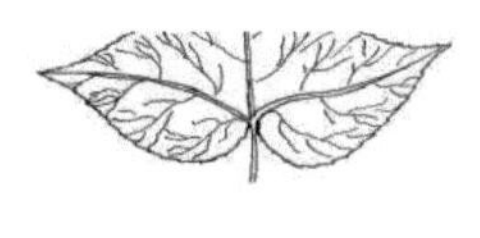

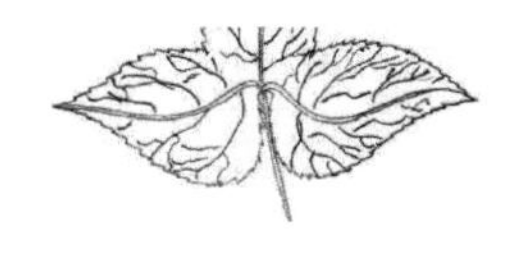

1　　2　　3

图3 叶基形状

5.21 叶长

成熟叶片基部与叶尖之间的最大长度，单位为cm(图4)。

图4 叶长、叶宽和叶柄长

5.22 叶宽

成熟叶片最宽处的长度，单位为cm(图4)。

5.23 叶柄长

从叶柄基部到叶基的长度，单位为cm(图4)。

5.24 叶柄颜色

成熟叶柄的颜色。

1 黄
2 黄绿
3 中绿
4 深绿
5 红
6 紫

5.25 叶柄被毛

成熟叶柄被毛的情况。

1 无
2 稀疏
3 较密

5.26 托叶长

成年树当年生枝条上托叶的长度，单位为 cm。

5.27 托叶与叶柄是否连生

成年树当年生枝条上的托叶是否与叶柄连生。

1 是(略与叶柄连生)
2 否(游离)

5.28 叶片是否复色

成熟叶片是否复色。

1 是
2 否

5.29 叶片复色部位

成熟叶片复色的部位。

1 叶缘
2 叶中部
3 不规则

5.30 幼叶的主色

春季当年生枝上部幼叶的主色。

1 黄
2 黄绿
3 中绿
4 深绿

5 红

6 紫

7 深紫

5.31 新叶的主色

春季当年生枝中下部成熟叶新叶的主色。

1 黄

2 黄绿

3 中绿

4 深绿

5 红

6 紫

5.32 夏季成熟叶上表面主色

夏季选择当年生枝中段完全展开的成熟叶上表面的主要颜色。

1 黄

2 黄绿

3 中绿

4 深绿

5 红

6 紫

5.33 秋季主色

秋季叶色变化时成熟叶片上表面的颜色。

1 中绿

2 深绿

3 黄

4 橙黄

5 橙红

6 红

7 紫红

8 红褐

5.34 叶片次色(仅对复叶品种)

复叶品种中除主色以外的颜色。

1 白

2 黄

3 红

4 紫

5.35 叶片裂数

叶片的裂片数。

1 3 裂

2 5 裂

3 3 裂和 5 裂

5.36 叶裂深度

正常叶片的叶裂深度(图 5)。

1 浅

2 中

3 深

1 2 3

图 5 叶裂深度

5.37 叶片中裂片与邻侧裂片夹角

叶片中裂片与邻侧裂片夹角(图 6)。

1 小

2 中

3 大

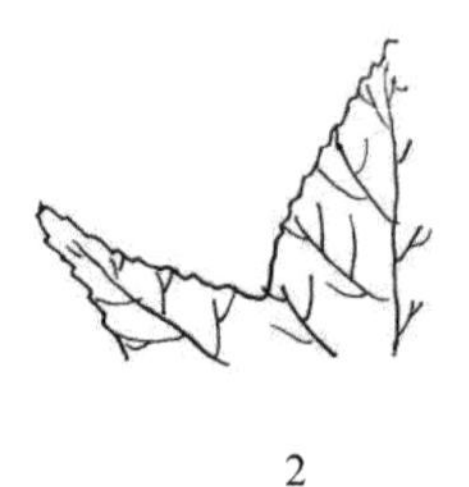

1 2 3

图 6 中裂片与邻侧裂片夹角

5.38 叶片中裂片形状

叶片中裂片的形状(图 7)。

1 披针形

2 三角形

3 卵形

4 阔卵圆形

5 条形

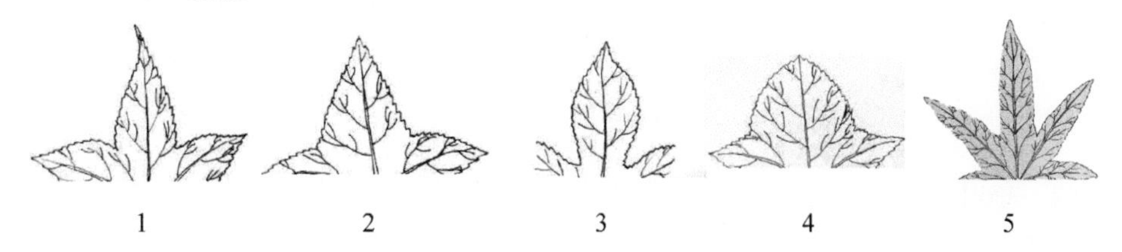

图 7 叶片中裂片的形状

5.39 中裂片是否开裂

中裂片是否开裂。

1 是

2 否

5.40 中裂片叶缘

中裂片叶缘的类型(图 8)。

1 全缘

2 尖锐细锯齿

3 浅波状齿

4 不规则粗齿

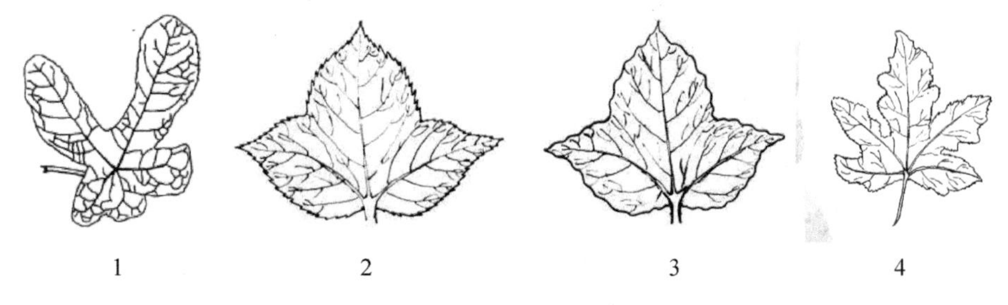

图 8 中裂片叶缘

5.41 中裂片顶端形状

中裂片的顶端形状(图 9)

1 长渐尖

2 渐尖

3 急尖

4 突尖

5 圆钝

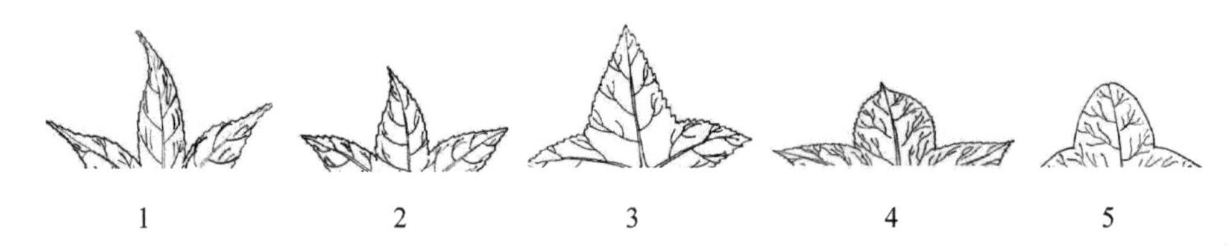

图 9　中裂片顶端形状

5.42　单叶鲜重

正常单叶鲜重，单位为 g。

5.43　单叶干重

正常单叶干重，单位为 g。

5.44　叶片含水量

叶干重占叶鲜重的百分比，以百分数(%)表示。

5.45　宿存萼齿

蒴果是否有宿存萼齿。

1　无或极短

2　有

5.46　果(蒴果)径

垂直于果柄方向的果实宽度，单位为 cm。

5.47　果柄长

成熟果实果柄的长度，单位为 cm。

5.48　种皮颜色

种子成熟时，种子外表皮的颜色。

1　灰

2　褐

3　灰褐

5.49　单株结果量

成龄树单株的结果量，单位 kg。

5.50　单果种子数

果实成熟期，一个蒴果中种子的平均数量，单位为粒。

5.51　种子饱满程度

种子成熟时，种子的饱满程度。

1　瘪

2　不饱满

3　饱满

5.52　种子千粒重

种子成熟时，1 000 粒种子的平均重量，单位为 g。

5.53　发芽率

测试种子发芽数占测试种子总数的百分比，以百分数(%)表示。

5.54　种子长

种子的长度，单位为 mm。

5.55　种子宽

种子的宽度，单位为 mm。

5.56　种子长宽比

种子长度与宽度的比值。

5.57　种翅长

种子成熟后种翅的长度，单位为 mm。

5.58　种翅宽

种子成熟后种翅的宽度，单位为 mm。

5.59　种翅长宽比

种翅长度与宽度的比值。

5.60　萌芽期

树冠阳面中上部当年生枝顶端 5%冬芽的芽鳞开始裂口，为叶芽萌动期，以“月日”表示。

5.61　抽梢期

树冠外围 5%的枝条开始抽梢的日期，以“月日”表示。

5.62　展叶期

在枫香属展叶期，采用目测法，观察整个植株，树冠外围一年生枝的嫩梢有 5%的第 1~2 片幼叶展开的日期，以“月日”表示。

5.63　始花期

全树 5%的花完全开放的日期，以“月日”表示。

5.64　盛花期

全树 25%的花完全开放的日期，以“月日”表示。

5.65　末花期

全树 75%的花瓣变色、开始落瓣的日期，以“月日”表示。

5.66　果实成熟期

以全树 50%的果实颜色由绿色转变为黄色的日期，以“月日”表示。

5.67　果实发育期

计算盛花期到果实成熟期的天数，单位为 d。

5.68 秋色叶变色始期

全树有10%的叶片变色时的日期，为秋叶变色始期，以“月日”表示。

5.69 落叶期

全树25%的叶片自然脱落的日期，以“月日”表示。

5.70 落叶末期

全树90%的叶片自然脱落的时间，为落叶末期，以“月日”表示。

5.71 秋色叶持续时间

计算秋色叶变色始期至落叶末期的天数，单位为d。

5.72 生长期

计算萌芽期至落叶期的天数，单位为d。

6 品质特性

6.1 枫脂精油含量

枫脂精油的含量以百分数(%)表示，精确到0.1%。

6.2 精油：单萜烯含量

枫脂精油中单萜烯含量，以百分数(%)表示，精确到0.1%。

6.3 精油：半萜烯含量

枫脂精油中半萜烯含量，以百分数(%)表示，精确到0.1%。

6.4 叶片总灰分含量

叶片中总灰分的含量，以百分数(%)表示，精确到0.1%。

6.5 叶片酸不溶性灰分含量

叶片中酸不溶性灰分的含量，以百分数(%)表示，精确到0.1%。

6.6 叶片水溶性浸出物含量

叶片中水溶性浸出物的含量，以百分数(%)表示，精确到0.1%。

6.7 叶片黄酮类含量

成熟叶片中总黄酮的含量，单位为%。

6.8 一年生植株苗高

一年生植株高度的平均值，单位为cm。

6.9 一年生植株地径

一年生植株苗干靠近地表面处直径的平均值，单位为cm。

6.10 树高平均生长量

品种或无性系成年植株(8~20年生)的年均高生长量，单位为cm。

6.11 胸径平均生长量

品种或无性系成年植株(8~20年生)的年均胸径生长量，单位为cm。

6.12 材积平均生长量

品种或无性系成年植株(8~20 年生)的年均材积生长量，单位为 m^3。

6.13 古树

树是否为古树。

1 是

2 否

6.14 古树胸径

古树距地面 1.3 m 处的直径，单位为 cm。

6.15 古树树高

古树的树高，单位为 m。

6.16 古树冠幅

古树的冠幅，单位为 m。

6.17 古树树龄

古树的实测年龄，单位为年。

6.18 古树级别

古树的级别。

1 一级

2 二级

3 三级

6.19 木材基本密度

木材的全干材重量与生材木材体积的比值，单位为 g/cm^3。

6.20 木材纤维长度

木材纤维的长度，单位为 mm。

6.21 木材纤维宽度

木材纤维的宽度，单位为 μm。

6.22 木材纤维长宽比

木材纤维长度和宽度的比值。

6.23 木材纤维含量

木材纤维的含量，以百分数(%)表示。

6.24 木材造纸得率

木材用于造纸的得率，以百分数(%)表示。

6.25 木材顺纹抗压强度

木材顺纹抗压的强度，单位为 MPa。

1 高

2 较高

3 中

4 较低

5 低

6.26 木材抗弯强度

木材抵抗弯曲不断裂的能力，单位为 MPa。

1 高

2 较高

3 中

4 较低

5 低

6.27 木材干缩系数

木材的体积干缩系数，即木材干燥时体积收缩率与纤维饱和点之比值。

6.28 木材弹性模量

木材在弹性变形阶段，其应力与应变的比例系数。

6.29 木材硬度

木材的硬度。

1 硬

2 中

3 软

6.30 木材冲击韧性

木材抵抗冲击荷载的能力。

1 强

2 中

3 差

7 抗逆性

7.1 抗旱性

枫香属种质抵抗或忍受干旱的耐力。

1 强

2 中

3 弱

7.2 耐涝性

枫香属种质抵抗或忍受多湿水涝的能力。

1　强

2　中

3　弱

7.3　抗寒性

枫香属种质抵抗或忍受低温的能力。

1　强

2　中

3　弱

7.4　耐盐碱

枫香属种质抵抗或忍受盐碱的能力。

1　强

2　中

3　弱

7.5　抗晚霜能力

枫香属种质抵抗或忍受春季晚霜的能力。

1　强

2　中

3　弱

8　抗病虫性

8.1　漆斑病抗性

枫香属种质对漆斑病抗性的强弱。

1　高抗(HR)

3　抗病(R)

5　中抗(MR)

7　感病(S)

9　高感(HS)

8.2　黑斑病抗性

枫香属种质对黑斑病抗性的强弱。

1　高抗(HR)

3　抗病(R)

5　中抗(MR)

7　感病(S)

9 高感(HS)

8.3 白粉病抗性

枫香属种质对白粉病抗性的强弱。

1 高抗(HR)
3 抗病(R)
5 中抗(MR)
7 感病(S)
9 高感(HS)

8.4 樟蚕抗性

枫香属种质对樟蚕抗性的强弱。

1 高抗(HR)
3 抗病(R)
5 中抗(MR)
7 感病(S)
9 高感(HS)

8.5 天幕毛虫抗性

枫香属种质对天幕毛虫抗性的强弱。

1 高抗(HR)
3 抗病(R)
5 中抗(MR)
7 感病(S)
9 高感(HS)

8.6 大蚕蛾抗性

枫香属种质对大蚕蛾抗性的强弱。

1 高抗(HR)
3 抗病(R)
5 中抗(MR)
7 感病(S)
9 高感(HS)

8.7 栎毛虫抗性

枫香属种质对栎毛虫抗性的强弱。

1 高抗(HR)
3 抗病(R)
5 中抗(MR)

7 感病(S)
9 高感(HS)

9 其他特征特性

9.1 指纹图谱与分子标记

枫香属种质 DNA 指纹图谱和重要性状的分子标记类型及其特征参数。

9.2 备注

枫香属种质特殊描述符或特殊代码的具体说明。

四 枫香属种质资源数据标准

序号	代号	描述符	字段英文名	字段类型	字段长度	字段小数位	单位	代码	代码英文名	例子
1	101	资源流水号	Running number	C	20					1111C0003134000926
2	102	资源编号	Accession number	C	20					LIFOR3410240007
3	103	种质名称	Accession name	C	30					枫香 CY8
4	104	种质外文名	Alien name	C	40					
5	105	科中文名	Chinese name of family	C	10					蕈树科
6	106	科拉丁名	Latin name of family	C	30					Altingiaceae
7	107	属中文名	Genus name	C	40					枫香属
8	108	属拉丁名	Latin name of genus	C	30					*Liquidambar* L.
9	109	种名或亚种名	Species or subspecies name	C	50					枫香
10	110	种拉丁名	Latin name of species	C	30					*Liquidambar formosana* Hance
11	111	原产地	Place of origin	C	20					安徽省黄山市祁门县
12	112	原产省	Province of origin	C	20					安徽省

（续）

序号	代号	描述符	字段英文名	字段类型	字段长度	字段小数位	单位	代码	代码英文名	例子
13	113	原产国家	Country of origin	C	20					中国
14	114	来源地	Sample source	C	40					安徽省黄山市祁门县
15	115	归类编码	Sorting code	C	20					11131117173
16	116	资源类型	Biological status of accession	C	20			1:野生资源(群体、种源) 2:野生资源(家系) 3:野生资源(个体、基因型) 4:地方品种 5:选育品种 6:遗传材料 7:其他	1:Wild resource (Population, Provenance) 2: Wild resource (Family) 3: Wild resource (Individual, Genotype) 4:Local variety 5:Breeding varieties 6:Genetic material 7:Others	选育品种
17	117	主要特性	Key features	C	40			1:高产 2:优质 3:抗病 4:抗虫 5:抗逆 6:高效 7:其他	1:High yield 2:High quality 3:Disease-resistant 4:Insect-resistant 5:Anti-adversity 6:High active 7:Others	优质

（续）

序号	代号	描述符	字段英文名	字段类型	字段长度	字段小数位	单位	代码	代码英文名	例子
18	118	主要用途	Main use	C	40			1:材用 2:食用 3:药用 4:防护 5:观赏 6:其他	1:Timber-used 2:Edible 2:Officinal 3:Protection 4:Ornamental 5:Others	观赏
19	119	气候带	Climate zone	C	20			1:热带 2:亚热带 3:温带 4:寒温带 5:寒带	1:Tropics 2:Subtropics 3:Temperate zone 4:Cold temperate zone 5:Frigid zone	亚热带
20	120	生长习性	Growth habit	C	50			1:喜光 2:耐盐碱 3:喜水肥 4:耐干旱	1:Light favored 2:Salinity 3:Water-liking 4:Drought-resistant	喜光
21	121	开花结实特性	Characteristics of flowering and fruiting	C	100					4月上旬开花,10月下旬果实成熟
22	122	特征特性	Characteristics	C	100					干型通直,叶片中裂,披针形
23	123	具体用途	Specific use	C	40					园林绿化
24	124	观测地点	Observation location	C	20					安徽省黄山市祁门县芦溪乡鲍村

（续）

序号	代号	描述符	字段英文名	字段类型	字段长度	字段小数位	单位	代码	代码英文名	例子
25	125	繁殖方式	Means of reproduction	C	50			1:有性繁殖（种子繁殖） 2:无性繁殖（扦插繁殖） 3:无性繁殖（嫁接繁殖） 4:无性繁殖（根蘖） 5:无性繁殖（分蘖繁殖） 6:无性繁殖（组织培养/体细胞培养）	1:Sexual propagation (Seed reproduction) 2:Asexual reproduction (Cutting propagation) 3: Asexual reproduction (Grafting propagation) 4:Asexual reproduction (Root) 5:Asexual reproduction (Tillering propagation) 6:Asexual reproduction (Tissue culture/Somatic cell culture)	无性繁殖（嫁接繁殖）
26	126	选育单位	Breeding institute	C	40					祁门县枫香林木良种基地
27	127	育成年份	Releasing year	N	4	0		年		2014
28	128	海拔	Altitude	N	5	0	m			300
29	129	经度	Longitude	N	8	0				1214124
30	130	纬度	Latitude	N	7	0				372736
31	131	土壤类型	Soil type	C	10					黄棕壤
32	132	生态环境	Ecological environment	C	20					常绿、落叶阔叶混交林
33	133	年均温度	Average annual temperature	N	6	1	℃			15.5

（续）

序号	代号	描述符	字段英文名	字段类型	字段长度	字段小数位	单位	代码	代码英文名	例子
34	134	年均降水量	Average annual precipitation	N	6	0	mm			1716.0
35	135	图像	Image file name	C	30					1111C0003134000926-1-11.jpg
36	136	记录地址	Record address	C	30					
37	137	保存单位	Conservation institute	C	50					祁门县枫香林木良种基地
38	138	单位编号	Conservation institute number	C	10					枫香 CY8
39	139	库编号	Base number	C	10					
40	140	引种号	Introduction number	C	10					
41	141	采集号	Collection number	C	10					枫香 CY8
42	142	保存时间	Conservation time	D	8					20171103
43	143	保存材料类型	Donor material type	C	10			1:植株 2:种子 3:营养器官(穗条等) 4:花粉 5:培养物(组培材料) 6:其他	1:Plant 2:Seed 3: Vegetative organ (Scion, Root tuber, Root whip) 4:Pollen 5:Culture(Tissue culturematerial) 6:Others	植株

（续）

序号	代号	描述符	字段英文名	字段类型	字段长度	字段小数位	单位	代码	代码英文名	例子
44	144	保存方式	Conservation mode	C	10			1:原地保存 2:异地保存 3:设施(低温库)保存	1:In situ conservation 2:Ex situ conservation 3:Low temperature preservation	原地保存
45	145	实物状态	Physical state	C	4			1:良好 2:中等 3:较差 4:缺失	1:Good 2:Medium 3:Poor 4:Defect	良好
46	146	共享方式	Sharing methods	C	20			1:公益性 2:公益借用 3:合作研究 4:知识产权交易 5:资源纯交易 6:资源租赁 7:资源交换 8:收藏地共享 9:行政许可 10:不共享	1:Public interest 2:Public borrowing 3:Cooperative research 4:Intellectual property rights ransaction 5:Pureresources transaction 6:Resource rent 7:Resource dischange 8:Collection local share 9:Administrative license 10:Not share	公益性
47	147	获取途径	Obtain way	C	10			1:邮递 2:现场获取 3:网上订购 4:其他	1:Post 2:Captured in the field 3:Online ordering 4:Others	现场获取

（续）

序号	代号	描述符	字段英文名	字段类型	字段长度	字段小数位	单位	代码	代码英文名	例子
48	148	联系方式	Contact way	C	40					房震，祁门县枫香林木良种基地负责人，245600，13955963720，877652136@ qq. com
49	149	源数据主键	Key words of source data	C	30					
50	150	关联项目及编号	Related project	C	50					平台资源整合 2017
51	201	生活型	Life form	C	10			1：乔木 2：小乔木	1：Large tree 2：Small tree	乔木
52	202	树龄	Age of tree	C	8		年			15
53	203	树高	Tree height	N	4		m			22. 5
54	204	胸径	Diameter at breast height	N	4		cm			18. 5
55	205	冠幅	Crown	N	4	1	m			10. 2
56	206	冠形	Tree crown types	C	8			1：柱状 2：窄卵球形 3：卵球形 4：阔卵球形 5：圆锥形 6：球形	1：Columnar 2：Narrowly ovoid 3：Ovoid 4：Broadly ovoid 5：Conic 6：Sphere	卵球形

（续）

序号	代号	描述符	字段英文名	字段类型	字段长度	字段小数位	单位	代码	代码英文名	例子
57	207	树姿	Tree posture	C	8			1:近直立 2:斜上伸展 3:近平展 4:半下垂	1:Nearly erect 2:Oblique stretch 3:Nearly flat 4:Seminutant	近平展
58	208	树干通直度	Trunk shape	C	4			1:通直 2:略弯 3:弯曲	1:Straight 2:Slightly bent 3:Bending	通直
59	209	自然整枝	Natural pruning	C	4			1:差 2:较差 3:中等 4:较好 5:好	1:Poor 2:Relatively poor 3:Intermediate 4:Relatively strong 5:Strong	中等
60	210	幼树树皮表面形态	Bark surface morphology of sapling	C	8			1:平滑 2:纵向裂纹 3:块状开裂	1:Smoothness 2:Longitudinal dehiscent 3:Massive cracking	纵向裂纹
61	211	幼树栓翅密度	Plug wings density of sapling	C	8			1:无或近无 2:少 3:中 4:多	1:No or almost no 2:Few 3:Intermediate 4:Many	少
62	212	幼树栓翅着生部位	Plug wings positions of sapling	C	8			1:树干 2:枝条 3:树干和枝条	1:Trunk 2:Branch 3:Trnck and Branch	枝条

（续）

序号	代号	描述符	字段英文名	字段类型	字段长度	字段小数位	单位	代码	代码英文名	例子
63	213	当年生枝粗	Annual branch thickness	N	4		mm			4
64	214	当年生枝颜色	Annual branch color	C	8			1:黄 2:黄绿 3:绿 4:红 5:紫红	1:Yellow 2:Yellowish green 3:Green 4:Red 5:Purple red	绿色
65	215	当年生枝花青素着色部位	Annual branch positions of anthocyanin	C	8			1:近无 2:仅枝条上部 3:全部	1:Almost no 2:Only upper branch 3:Whole	近无
66	216	叶片质地	Leaf texture	C	6			1:纸质 2:厚纸质 3:革质	1:Papery 2:Thick papery 3:Leathery	厚纸质
67	217	叶片光泽	Leaf gloss	C	2			1:弱 2:中 3:强	1:Weak 2:Intermediate 3:Strong	中
68	218	叶面被毛	Hair of leaf surface	C	4			1:无 2:稀疏 3:较密	1:None 2:Spare 3:Dense	无
69	219	叶背被毛	Hair of leaf status	C	4			1:无 2:稀疏 3:较密	1:None 2:Spare 3:Dense	无

（续）

序号	代号	描述符	字段英文名	字段类型	字段长度	字段小数位	单位	代码	代码英文名	例子
70	220	叶基形状	Shape of leaf base	C	10			1:平截 2:心形 3:深心形	1:Truncated 2:Heart shaped 3:Deep heart shaped	心形
71	221	叶长	Leaf length	N	4	1	cm			11.5
72	222	叶宽	Leaf width	N	4	1	cm			17.0
73	223	叶柄长	Length of leaf petiole	N	4	1	cm			7.4
74	224	叶柄颜色	Colour of leaf petiole	C	4			1:黄 2:黄绿 3:中绿 4:深绿 5:红 6:紫	1:Yellow 2:Yellowish green 3:Medium green 4:Dark green 5:Red 6:Purple	紫
75	225	叶柄被毛	Hair of leaf petiole	C	4			1:无 2:稀疏 3:较密	1:None 2:Spare 3:Dense	无
76	226	托叶长	Stipule length	N	4	1	cm			1.6
77	227	托叶与叶柄是否连生	Whether the stipules and petioles are connected	C	2			1:是 2:否	1:Yes 2:No	是
78	228	叶片是否复色	Whether the leaves are compound colour	C	2			1:是 2:否	1:Yes 2:No	否

（续）

序号	代号	描述符	字段英文名	字段类型	字段长度	字段小数位	单位	代码	代码英文名	例子
79	229	叶片复色部位	Compound color position	C	4			1:叶缘 2:叶中部 3:不规则	1:Leaf margin 2:Leaf central 3:Irregular	叶缘
80	230	幼叶的主色	Dominant color of young leaves	C	6			1:黄 2:黄绿 3:中绿 4:深绿 5:红 6:紫 7:深紫	1:Yellow 2:Yellowish green 3:Medium green 4:Dark green 5:Red 6:Purple 7:Dark purple	紫
81	231	新叶的主色	Dominant color of new leaves	C	6			1:黄 2:黄绿 3:中绿 4:深绿 5:红 6:紫	1:Yellow 2:Yellowish green 3:Medium green 4:Dark green 5:Red 6:Purple	深绿
82	232	夏季成熟叶上表面主色	Dominant color of summer mature leaves	C	6			1:黄 2:黄绿 3:中绿 4:深绿 5:红 6:紫	1:Yellow 2:Yellowish green 3:Medium green 4:Dark green 5:Red 6:Purple	深绿

（续）

序号	代号	描述符	字段英文名	字段类型	字段长度	字段小数位	单位	代码	代码英文名	例子
83	233	秋季主色	Dominant color of leaves in fall	C	6			1:中绿 2:深绿 3:黄 4:橙黄 5:橙红 6:红 7:紫红 8:红褐	1:Medium green 2:Dark green 3:Yellow 4:Orange yellow 5:Orange red 6:Red 7:Purple red 8:Reddish brown	橙红
84	234	叶片次色（仅对复叶品种）	Secondary colour of leaves(only for compound leaf variety)	C	6			1:白 2:黄 3:红 4:紫	1:White 2:Yellow 3:Red 4:Purple	红
85	235	叶片裂数	Number of lobes in leaf blade	C	6			1:3 裂 2:5 裂 3:3 裂和 5 裂	1:Three lobes 2:Five lobes 3:Three and five lobes	3 裂
86	236	叶裂深度	Notch depth in middle part of leaves	C	6			1:浅 2:中 3:深	1:Shallow 2:Intermediate 3:Deep	浅
87	237	叶片中裂片与邻侧裂片夹角	Angle between lobes in leaf blade and adjacent lobes	C	6			1:小 2:中 3:大	1:Small 2:Intermediate 3:Big	中

（续）

序号	代号	描述符	字段英文名	字段类型	字段长度	字段小数位	单位	代码	代码英文名	例子
88	238	叶片中裂片形状	Middle lobes shape	C	6			1:披针形 2:三角形 3:卵形 4:阔卵圆形 5:条形	1:Lanceolate 2:Triangle 3:Ovoid 4:Broadly ovoid 5:Bar-type	卵形
89	239	中裂片是否开裂	Whether the middle lobes are dehiscent	C	2			1:是 2:否	1:Yes 2:No	否
90	240	中裂片叶缘	Middle lobe margin	C	8			1:全缘 2:尖锐细锯齿 3:浅波状齿 4:不规则粗齿	1:Entire 2:Serrated serration 3:Shallow corrugated tooth 4:Irregular coarse tooth	尖锐细锯齿
91	241	中裂片顶端形状	Middle lobes apical shape	C	6			1:长渐尖 2:渐尖 3:急尖 4:突尖 5:圆钝	1:Long acuminate 2:Acuminate 3:Acute 4:Abrupt 5:Obtuse	长渐尖
92	242	单叶鲜重	Single leaf fresh weight	N	4	2	g			1.22
93	243	单叶干重	Single leaf dry weight	N	4	2	g			0.45
94	244	叶片含水量	Relative water content of leaf	N	4	1	%			63.2
95	245	宿存萼齿	Persistent calyx teeth	C	6			1:无或极短 2:有	1:No or very short 2:Yes	有

（续）

序号	代号	描述符	字段英文名	字段类型	字段长度	字段小数位	单位	代码	代码英文名	例子
96	246	果(蒴果)径	Fruit transverse diameter		2					2.5
97	247	果柄长	Fruit stalk length		2					7.4
98	248	种皮颜色	Seed color	C	6			1:灰 2:褐 3:灰褐	1:Gray 2:Brown 3:Gray brown	褐色
99	249	单株结果量	Fruit quantity of single plant	N	6					10.5
100	250	单果种子数	Number of seeds in a single fruit	N	4		kg			20
101	251	种子饱满程度	Seed plumpness	C	6			1:瘪 2:不饱满 3:饱满	1: Shrunken 2: Not full 3: Full	饱满
102	252	种子千粒重	Thousand seeds weight	N	4	2	g			3.86
103	253	发芽率	Germination rate	N	4		%			80
104	254	种子长	Seed length	N	4		mm			7.49
105	255	种子宽	Seed width	N	4		mm			1.87

（续）

序号	代号	描述符	字段英文名	字段类型	字段长度	字段小数位	单位	代码	代码英文名	例子
106	256	种子长宽比	Ratio of seed length to width	N	2					4.04
107	257	种翅长	Seed wing length	N	2		mm			3.04
108	258	种翅宽	Seed wing width	N	2		mm			2.09
109	259	种翅长宽比	Ratio of seedwing length to width	N	2					1.47
110	260	萌芽期	Bud break date	D	10					2月12日
111	261	抽梢期	Date of sprouting	D	10					2月19日
112	262	展叶期	Date of leaf spreading	D	10					3月11日
113	263	始花期	Date of beginning blooming	D	10					3月13日
114	264	盛花期	Date of full blooming	D	10					3月20日
115	265	末花期	Date of end blooming	D	10					3月27日
116	266	果实成熟期	Mature date of fruit	D	10					10月15日
117	267	果实发育期	Fruit development period	N	4		d			205
118	268	秋色叶变色始期	Date of beginning change color of autumn leaves	D	10					11月1日
119	269	落叶期	Date of leaves falling	D	10					10月8日
120	270	落叶末期	Date of end of leaves falling	D	10					12月18日

（续）

序号	代号	描述符	字段英文名	字段类型	字段长度	字段小数位	单位	代码	代码英文名	例子
121	271	秋色叶持续时间	Autumn leaves change color period	N	4		d			48
122	272	生长期	Growth period	N	4		d			306
123	301	枫脂精油含量	Essential oil content inresin	N	2		%			15
124	302	精油单萜烯含量	Monoterpene content	N	2		%			70
125	303	精油:半萜烯含量	Hemiterpene content	N	2		%			75
126	304	叶片总灰分含量	Total ash content of leaf	N	2		%			0. 82
127	305	叶片酸不溶性灰分含量	Acid insoluble ash content in leaf	N	2		%			2
128	306	叶片水溶性浸出物含量	Water-soluble extract content of leaf	N	2		%			15
129	307	叶片黄酮类含量	Content of vitamin C	N	8	2	%			3. 27
130	308	一年生植株苗高	Average height of one year seedling	N	4		cm			122
131	309	一年生植株地径	Ground diameter of one year seedling	N	4	1	cm			2. 2
132	310	高平均生长量	Annual tree height increment	C	4	1	cm			42

（续）

序号	代号	描述符	字段英文名	字段类型	字段长度	字段小数位	单位	代码	代码英文名	例子
133	311	胸径平均生长量	Annual DBH increment	C	4	1	cm			1.6
134	312	材积平均生长量	Annual volume	C	6	3	m^3			0.225
135	313	古树	Ancient tree	C	4			1:是 2:否	1:Yes 2:No	是
136	314	古树胸径	DBH of ancient tree	N	4		cm			112
137	315	古树树高	Height of ancient tree	N	4		m			18.5
138	316	古树冠幅	Canopy of ancient tree	N	4	1	m			9.5
139	317	古树树龄	Age of ancient tree	N	5	1	年			140
140	318	古树级别	Level of ancient tree	C	4			1:一级 2:二级 3:三级	1:One level 2:Second level 3:Three level	一级
141	319	木材基本密度	Sweetgum wood basic density	N	2		g/cm^3			0.54
142	320	木材纤维长度	Sweetgum wood fiber length	N	2		mm			1.41
143	321	木材纤维宽度	Sweetgum wood fiber width	N	2		μm			26.34
144	322	木材纤维长宽比	Sweetgum wood ratio of fiber length to width	N	2					51.23
145	323	木材纤维含量	Sweetgum wood fiber content	N	2		%			81.74

（续）

序号	代号	描述符	字段英文名	字段类型	字段长度	字段小数位	单位	代码	代码英文名	例子
146	324	木材造纸得率	Sweetgum wood paper -making yield	N	2		%			48. 29
147	325	木材顺压强度	Sweetgum wood compression strength	C	4			1:高 2:较高 3:中 4:较低 5:低	1:High 2:Relatively high 3:Intermediate 4:Relatively low 5:Low	高
148	326	木材抗弯强度	Sweetgum wood bending strength	C	10			1:高 2:较高 3:中 4:较低 5:低	1:High 2:Relatively high 3:Intermediate 4:Relatively low 5:Low	高
149	327	木材干缩系数	Sweetgum wood dry shrinkage coefficient	N	10					10. 5%
150	328	木材弹性模量	Sweetgum wood elastic modulus	N	10					9611MPa
151	329	木材硬度	Sweetgum wood hardness	C	10			1:硬 2:中 3:软	1:Hard 2:Intermediate 3:Soft	硬
152	330	木材冲击韧性	Sweetgum wood impact toughness	C	10			1:强 2:中 3:差	1:Strong 2:Intermediate 3:Weak	强

（续）

序号	代号	描述符	字段英文名	字段类型	字段长度	字段小数位	单位	代码	代码英文名	例子
153	401	抗旱性	Drought tolerance	C	4			1:强 2:中 3:弱	1: Strong 2: Medium 3: Weak	强
154	402	耐涝性	Flooding tolerance	C	4			1:强 2:中 3:弱	1: Strong 2: Medium 3: Weak	中
155	403	抗寒性	Cold resistance	C	4			1:强 2:中 3:弱	1: Strong 2: Medium 3: Weak	强
156	404	抗盐碱	Resistance to salinization	C	4			1:强 2:中 3:弱	1: Strong 2: Medium 3: Weak	中
157	405	抗晚霜能力	Resistance to late frost	C	4			1:强 2:中 3:弱	1: Strong 2: Medium 3: Weak	中
158	501	漆斑病抗性	Resistance to paint spot	C	4			1:高抗 3:抗病 5:中抗 7:感病 9:高感	1: High resistant 3: Resistant 5: Medium 7: Susceptible 9: Easily susceptible	抗病

（续）

序号	代号	描述符	字段英文名	字段类型	字段长度	字段小数位	单位	代码	代码英文名	例子
159	502	黑斑病抗性	Resistance to black spot	C	4			1:高抗 3:抗病 5:中抗 7:感病 9:高感	1: High resistant 3: Resistant 5: Medium 7: Susceptible 9: Easily susceptible	抗病
160	503	白粉病抗性	Resistance to powdery mildew	C	4			1:高抗 3:抗病 5:中抗 7:感病 9:高感	1: High resistant 3: Resistant 5: Medium 7: Susceptible 9: Easily susceptible	抗病
161	504	樟蚕抗性	Resistance to *Eriogyna pyretorum*	C	4			1:高抗 3:抗病 5:中抗 7:感病 9:高感	1: High resistant 3: Resistant 5: Medium 7: Susceptible 9: Easily susceptible	中抗
162	505	天幕毛虫抗性	Resistance to *Malacosoma neustria testacea*	C	4			1:高抗 3:抗病 5:中抗 7:感病 9:高感	1: High resistant 3: Resistant 5: Medium 7: Susceptible 9: Easily susceptible	抗病

（续）

序号	代号	描述符	字段英文名	字段类型	字段长度	字段小数位	单位	代码	代码英文名	例子
163	506	大蚕蛾抗性	Resistance to silkworm	C	4			1:高抗 3:抗病 5:中抗 7:感病 9:高感	1：High resistant 3：Resistant 5：Medium 7：Susceptible 9：Easily susceptible	抗病
164	507	栎毛虫抗性	Resistance to *Paralebeda plagifera*	C	4			1:高抗 3:抗病 5:中抗 7:感病 9:高感	1：High resistant 3：Resistant 5：Medium 7：Susceptible 9：Easily susceptible	抗病
165	601	指纹图谱与分子标记	Fingerprint and molecular marker	C	40					
166	602	备注	Remarks	C	30					

枫香属种质资源数据质量控制规范 五

1 范围

本规范规定了枫香属种质资源数据采集过程中的质量控制内容和方法。

本规范适用于枫香属种质资源的整理、整合和共享。

2 规范性引用文件

下列文件中的条款通过本规范的引用而成为本规范的条款。凡是注日期的引用文件，其随后所有的修改单(不包括勘误的内容)或修订版均不适用于本规范，然而，鼓励根据本规范达成协议的各方研究是否可使用这些文件的最新版本。凡是不注日期的引用文件，其最新版本适用于本规范。

GB/T 2260—2007 中华人民共和国行政区划代码

GB/T 2659—2000 世界各国和地区名称代码

GB/T 12404—1997 单位隶属关系代码

GB/T 14072—1993 林木种质资源保存原则与方法

LY/T 2192—2013 林木种质资源共性描述规范

GB 1935—1991 木材顺纹抗压强度试验方法

GB 1927—1943—91 木材物理力学性质试验方法

GB 2772—1999 林木种子检验规程

GB 7908—1999 林木种子质量分级

GB/T 16620—1996 林木育种及种子管理术语

LY/T 2661—2016 立木生物量模型及碳计量参数——枫香

LY/T 3207—2020 植物新品种特异性、一致性、稳定性测试指南 枫香属
GB/T 1941—2009 木材硬度实验方法
GB/T 1940—2009 木材冲击韧性试验方法
GB/T 1936.1—2009 木材抗弯强度试验方法
GB/T 1933—1991 木材密度测定方法

3 数据质量控制的基本方法

3.1 试验设计

按照枫香属种质资源的生长发育周期，满足枫香属种质资源的正常生长及其性状的正常表达，确定好试验设计的时间、地点和内容，保证所需数据的真实性、可靠性。

3.1 形态特征和生物学特性鉴定条件

3.1.1 鉴定地点

所选实验地点应在枫香属的自然分布区，植株量要满足试验的可重复性，同时，试验地点的环境条件应能够满足枫香属种质的正常生长及其性状的正常表达。

3.1.2 鉴定时间

根据枫香属的生长特点，果实、叶、树体应在盛果期鉴定，花应在盛花期鉴定。可结合鉴定项目的要求，确定最佳的鉴定时间。

3.1.3 鉴定株数

鉴定株数一般不少于5株。抗性鉴定根据具体方法而定。

3.2 数据采集

形态特征和生物学特性观测试验原始数据的采集应在种质正常生长情况下获得。品质特性、形态特征和生物学特性应连续采集2年以上的数据。如遇自然灾害等因素严重影响植株正常生长时，应重新进行观测试验和数据采集。

3.3 鉴定数据统计分析和校验

每份种质的形态特征和生物学特性等观测数据依据对照栽培种质进行校验。根据2~3年的重复观测值，计算每份种质性状的平均值、变异系数和标准差，并进行方差分析，判断试验结果的稳定性和可靠性。取观测值的平均值作为该种质的性状值。

4 基本信息

4.1 资源流水号

枫香属种质资源进入数据库自动生成的编号。

4.2 资源编号

枫香属种质资源的全国统一编号。由 15 位符号组成，即树种代码(5 位)+保存地代码(6 位)+顺序号(4 位)。

树种代码：采用树种学名(拉丁名)的属名前 2 位字母+种名前 3 位字母组成，即 LIFOR。

保存地代码：是指资源保存地所在县级行政区域的代码，按照 GB/T 2260—2007 的规定执行。

顺序号：该类资源在保存库中的顺序号。

示例：LIFOR(枫香属树种代码)341024(安徽黄山市祁门县)0007(保存顺序号)。

4.3 种质名称

每份枫香属种质资源的中文名称。国内种质的原始名称和国外引进种质的中文译名，如果有多个名称，可以放在英文括号内，用英文逗号隔开，如“种质名称 1(种质名称 2，种质名称 3)”；由国外引进的种质如无中文译名，可直接填写种质的外文名。

4.4 种质外文名

国外引进枫香属种质的外文名，国内种质资源不填写。

4.5 科中文名

种质资源在植物分类学上的中文科名，如“蕈树科”。

4.6 科拉丁名

种质资源在植物分类学上的科的拉丁名，拉丁名用正体，如 Altingiaceae。

4.7 属中文名

种质资源在植物分类学上的属的中文名，如枫香属。

4.8 属拉丁名

种质资源在植物分类学上的属的拉丁名，拉丁名用斜体，如 *Liquidambar*。

4.9 种名或亚种名

种质资源在植物分类学上的中文名或亚种名，如枫香。

4.10 种拉丁名

种质资源在植物分类学上的拉丁名，拉丁名用斜体，如 *Liquidambar for-*

mosana Hance。

4.11 原产地

国内枫香属种质资源的原产县、乡、村、林场名称。依照 GB/T 2260—2007 的要求，填写原产县、自治县、县级市、市辖区、旗、自治旗、林区的名称以及具体的乡、村、林场等名称。

4.12 原产省

国内枫香属种质资源原产地，依照 GB/T 2260—2007 的要求，填写原产省(自治区、直辖市)的名称；国外引种枫香属种质资源原产国家(或地区)一级行政区的名称。

4.13 原产国家

枫香属种质资源的原产国家、地区或国际组织的名称。其中国家或地区的名称，依照 ISO 3166 和 GB/T 2659—2000 中的规范名称填写，如该国家已不存在，应在原国家名称前加“原”，如原苏联。国际组织名称用该组织的外文名缩写，如 FAO。

4.14 来源地

国外引进的枫香属种质资源的来源国家、地区或国际组织名称；国内枫香属种质资源的来源省(自治区、直辖市)、县名称。国家、地区和国际组织名称同 4.13，省(自治区、直辖市)和县名称参照 GB/T 2260—2007。

4.15 资源归类编码

采用国家自然科技资源共享平台编制的《自然科技资源共性描述规范》，依据其中“植物种质资源分级归类与编码表”中林木部分进行编码(11 位)。枫香属种质的归类编码是 11131117173。

4.16 资源类型

保存的枫香属种质资源的类型。

1 野生资源(群体、种源)
2 野生资源(家系)
3 野生资源(个体、基因型)
4 地方品种
5 选育品种
6 遗传材料
7 其他

4.17 主要特性

枫香属种质资源的主要特性。

1 高产

2 优质

3 抗病

4 抗虫

5 抗逆

6 高效

7 其他

4.18 主要用途

枫香属种质资源的主要用途。

1 材用

2 食用

3 药用

4 防护

5 观赏

6 其他

4.19 气候带

枫香属种质资源原产地所属气候带。

1 热带

2 亚热带

3 温带

4 寒温带

5 寒带

4.20 生长习性

枫香属种质资源的生长习性。描述林木在长期自然选择中表现的生长、适应或喜好，如落叶乔木、直立生长、喜光、耐盐碱、喜水肥、耐干旱等。

4.21 开花结实特性

枫香属种质资源的开花和结实周期，如始花期、始果期、结果大小年周期和花期等。

4.22 特征特性

枫香属种质资源可识别或独特的形态、特征，如叶片掌状 3~5 裂、具有橄榄香气味。

4.23 具体用途

枫香属种质资源具有的特殊价值和用途，如生态防护树种、提取香精油、园林绿化等。

4.24 观测地点

枫香属种质资源形态特征、生物学特性观测和测定的地点。

4.25 繁殖方式

枫香属种质资源的繁殖方式，包括有性繁殖、无性繁殖等。

1 有性繁殖(种子繁殖)
2 无性繁殖(扦插繁殖)
3 无性繁殖(嫁接繁殖)
4 无性繁殖(根繁)
5 无性繁殖(分蘖繁殖)
6 无性繁殖(组织培养/体细胞培养)

4.26 选育(采集)单位

选育枫香属品种的单位或个人/野生资源的采集单位或个人。

4.27 育成年份

品种选育成功的年份，野生资源不填写。

4.28 海拔

枫香属种质资源原产地的海拔高度，单位为 m。

4.29 经度

枫香属种质资源原产地的经度，格式为 DDDFFMM，其中 DDD 为度，FF 为分，MM 为秒，东经以正数表示，西经以负数表示。

4.30 纬度

枫香属种质资源原产地的纬度，格式为 DDFFMM，其中 DD 为度，FF 为分，MM 为秒，北纬以正数表示，南纬以负数表示。

4.31 土壤类型

枫香属种质资源原产地的土壤条件，包括土壤质地、土壤名称、土壤酸碱度或性质等。

4.32 生态环境

枫香属种质资源原产地的自然生态系统类型。

4.33 年均温度

枫香属种质资源原产地的年平均温度，通常用当地最近气象台近 30~50 年的年均温度，单位为℃。

4.34 年均降水量

枫香属种质资源原产地的年均降水量，通常用当地最近气象台近 30~50 年的年均降水量，单位为 mm。

4.35 图像

枫香属种质资源的图像文件名，图像格式为 . jpg。图像文件名由资源流水号加半连号“-”加序号加“. jpg”。多个图像文件名之间用英文分号分隔。资源图像主要包括植株、叶片、花、果实以及能够表现种质资源特异性状的照片。图像要求清晰，对象突出，像素大于3000×4000像素。

4.36　记录地址

提供枫香属种质资源详细信息的网址或数据库记录链接。

4.37　保存单位

枫香属种质资源的保存单位名称(全称)。

4.38　单位编号

枫香属种质资源在保存单位中的编号，单位编号在同一单位应具有唯一性。

4.39　库编号

枫香属种质资源在种质资源库或圃中的编号。

4.40　引种号

枫香属种质资源从国外引入时的编号。

4.41　采集号

枫香属种质资源在野外采集时的编号。

4.42　保存时间

枫香属种质资源被收藏单位收藏或保存的时间，以“年月日”表示，格式为“YYYYMMDD”。

4.43　保存材料类型

保存的枫香属种质材料的类型。

1　植株
2　种子
3　营养器官(穗条、根穗等)
4　花粉
5　培养物(组培材料)
6　其他

4.44　保存方式

枫香属种质资源保存的方式。

1　原地保存
2　异地保存
3　设施(低温库)保存

4.45　实物状态

枫香属种质资源实物的状态。

1　良好

2 中等

3 较差

4 缺失

4.46 共享方式

枫香属种质资源实物的共享方式。

1 公益性

2 公益借用

3 合作研究

4 知识产权交易

5 资源纯交易

6 资源租赁

7 资源交换

8 收藏地共享

9 行政许可

10 不共享

4.47 获取途径

获取枫香属种质资源实物的途径。

1 邮递

2 现场获取

3 网上订购

4 其他

4.48 联系方式

获取枫香属种质资源的联系方式，包括联系人、单位、邮编、电话和 E-mail 等。

4.49 源数据主键

链接枫香属种质资源特性或详细信息的主键值。

4.50 关联项目及编号

枫香属种质资源收集、选育或整合依托项目及编号，可写多个项目，用分号隔开。

5 形态特征和生物学特性

5.1 生活型

采用目测法，观察植株对综合生境条件长期适应而在形态上表现出的生长类型。

1 乔木(主干明显，分枝在胸高以上，树高 10 m 以上)

2 小乔木(主干明显，分枝在胸高以上，树高一般在 5 m 以上，10 m 以下)

5.2 树龄

成龄树的实测或估测年龄，单位为年。

5.3 树高

选取 30 株成龄树(随机抽取，常规栽培管理，下同)，用测高器测量树高，求其平均值。单位为 m，精确到 0.1 m。

5.4 胸径

选取 30 株成龄树，测量植株在距离树木基部 1.3 m 处的树干直径。记录实测数据，计算平均值，单位为 cm，精确到 0.1 cm。

5.5 冠幅

以 5.3 选取的植株为观测对象，测量树冠南北和东西方向宽度。记录实测数据，计算平均值。单位为 m，精确到 0.1 m。

5.6 冠形

选取成龄树，采用目测的方法，观测植株的树冠形状。

根据观察结果和参照枫香属种质冠形模式图及下列说明，确定种质的树冠形状。

1 柱状

2 窄卵球形

3 卵球形

4 阔卵球形

5 圆锥形

6 球形

5.7 树姿

在休眠期，采用目测法，观察 5 株以上整个植株枝条的生长方向、发枝角度等，对比树型模式图，确定树姿。

1 近直立(树枝与树干的角度小于 30°)

2 斜上伸展(树枝与树干的角度 30°~60°)

3 近平展(树枝与树干的角度 60°~90°)

4 半下垂(树枝与树干的角度大于 90°)

5.8 树干通直度

采用目测法，观察 3 株以上成龄植株主干的通直度。

1　通直(目测主干与理想主干吻合)

2　略弯(目测主干与理想主干偏离夹角小于5°)

3　弯曲(目测主干与理想主干偏离夹角大于5°)

5.9　自然整枝

选取成龄树，采用目测的方法，观测植株树冠基部的枝条枯落的状况。

1　差[树冠的长度与树高比(冠高比)>5/6]

2　较差[3/4<树冠的长度与树高比(冠高比)≤5/6]

3　中等[2/3<树冠的长度与树高比(冠高比)≤3/4]

4　较好[1/3<树冠的长度与树高比(冠高比)≤2/3]

5　好[树冠的长度与树高比(冠高比)≤1/3]

5.10　幼树树皮表面形态

幼树指的是树龄小于10年的枫香属树(下同)，采用目测的方法，观察枫香属幼树植株树皮的外观形态。

1　平滑(树皮不开裂，手摸有平滑感)

2　纵向裂纹(树皮表面呈不规则的纵条状裂纹)

3　块状开裂(表面呈不规则的块状开裂)

5.11　幼树栓翅密度

采用目测的方法，观察幼树栓翅的着生密度。

1　无或近无(木栓质突起呈翅状的数量无或近无)

2　少(木栓质突起呈翅状的数量较少)

3　中(木栓质突起呈翅状的数量中等)

4　多(木栓质突起呈翅状的数量很多)

5.12　幼树栓翅着生部位

采用目测的方法，观察幼树栓翅的着生部位。

1　树干

2　枝条

3　树干和枝条

5.13　当年生枝粗

在休眠期，取树冠外围中部长果枝，用游标卡尺测定，测量10个当年生枝的粗度，并求其平均值。单位为mm，精确到0.1 mm。

5.14　当年生枝颜色

在休眠期，取树冠外围中部长果枝10条，采用目测法，观察枝条向阳面颜色。与标准比色卡对比，确定当年生枝颜色。

1　黄

2 黄绿

3 绿

4 红

5 紫红

5.15 当年生枝花青素着色部位

春末夏初，采用目测法选取测试植株顶部的当年生枝，观测当年花青素着色的部位。

1 近无

2 仅枝条上部

3 全部

5.16 叶片质地

以成熟叶片作观测对象，采用触摸法，得出成熟叶片所表现出的质地状况。成熟叶片所表现出的质地状况。

1 纸质

2 厚纸质

3 革质

5.17 叶片光泽度

以 5.16 选取的成熟叶片作为观测对象，采用目测法，观察成熟叶表面在阳光照射的情况下，确定叶片是否有光泽。成熟叶叶片在阳光照射的情况下的光泽度强度。

1 弱(叶片在阳光照射的情况下光泽度弱)

2 中(叶片在阳光照射的情况下光泽度中)

3 强(叶片在阳光照射的情况下光泽度强)

5.18 叶面被毛

以 5.16 选取的成熟叶片作为观测对象，采用目测法，观察叶面是否被毛以及疏密情况。

1 无(叶面无毛)

2 稀疏(叶面被毛稀疏)

3 较密(叶面密被绒毛)

5.19 叶背被毛

以 5.16 选取的成熟叶片作为观测对象，采用目测法，观察叶背是否被毛以及疏密情况。

1 无(叶背无毛)

2 稀疏(叶背被毛稀疏)

3 较密(叶背密被绒毛)

5.20 叶基形状

以5.16选取的成熟叶片作为观测对象，采用目测法观察小叶的形状。根据叶基形状模式图，确定叶基形状。

1 平截形

2 心形

3 深心形

5.21 叶长

以5.16选取的成熟叶片作为观测对象，共观测30个叶片，采用游标卡尺测量其叶片基部与叶尖之间的最大长度，求其平均值。单位为cm，精确到0.1 cm。

5.22 叶宽

以5.16选取的成熟叶片作为观测对象，共观测30个叶片，采用游标卡尺测量其叶面横向最大处宽度，求其平均值。单位为cm，精确到0.1 cm。

5.23 叶柄长

以5.16选取的成熟叶片作为观测对象，采用游标卡尺测量30个叶片的叶柄长度。记录实测数据，计算平均值。单位为cm，精确到0.1 cm。

5.24 叶柄颜色

以5.16选取的成熟叶片作为观测对象，在正常一致的光照条件下，采用目测法观察成熟叶片叶柄的颜色。根据观察结果，与标准比色卡进行对照，按照最大相似原则，确定种质的叶柄颜色。

1 黄

2 黄绿

3 中绿

4 深绿

5 红

6 紫

5.25 叶柄被毛

以5.16选取的成熟叶片作为观测对象，采用目测法，观察叶柄表面是否被毛，以及被毛的疏密状况。

1 无(叶柄无毛)

2 稀疏(叶柄被毛稀疏)

3 较密(叶柄密被绒毛)

5.26 托叶长

在夏季生长旺盛期，选取成年树树冠中部向阳面生长正常的当年生枝10

条，采用游标卡尺测量枝条上留存的最下部托叶的长度。记录实测数据，计算平均值。单位为 cm，精确到 0.1 cm。

5.27 托叶与叶柄是否连生

以 5.26 选取的托叶为观测对象，采用目测法，观察托叶与叶柄是否连生的情况。

1 是(略与叶柄连生)

2 否(游离)

5.28 叶片是否复色

生长季选取测试植株上部当年生枝中段的成熟叶作为观测对象，采用目测法观察成熟叶片是否复色。

1 是

2 否

5.29 叶片复色部位

生长季选取测试植株上部当年生枝中段的成熟叶作为观测对象，采用目测法观察成熟叶片复色的部位。

1 叶缘

2 叶中部

3 不规则

5.30 幼叶的主色

春季选取测试植株树冠顶部当年生枝上部的幼叶作为幼叶主色测试材料，采用目测法观测叶片上表面的颜色。根据观察结果，与标准比色卡进行对照，按照最大相似原则，确定幼叶的主色。

1 黄

2 黄绿

3 中绿

4 深绿

5 红

6 紫

7 深紫

5.31 新叶的主色

春季选取测试植株树冠顶部当年生枝中下部的成熟叶新叶主色，观测叶片上表面的颜色。根据观察结果，与标准比色卡进行对照，按照最大相似原则，确定种质的新叶主色。

1 黄

2 黄绿

3 中绿

4 深绿

5 红

6 紫

5.32 夏季成熟叶上表面主色

夏季选择当年生枝中段完全展开的成熟叶，采用目测法观测叶片上表面的主要颜色。根据观察结果，与标准比色卡进行对照，按照最大相似原则，确定种质的夏季成熟叶上表面主色。

1 黄

2 黄绿

3 中绿

4 深绿

5 红

6 紫

5.33 秋季主色

秋季选择当年生枝中段完全展开的成熟叶，采用目测法观测上表面的主要颜色。根据观察结果，与标准比色卡进行对照，按照最大相似原则，确定种质的秋季叶色变化时成熟叶片上表面的颜色。

1 中绿

2 深绿

3 黄

4 橙黄

5 橙红

6 红

7 紫红

8 红褐

5.34 叶片次色(仅对复叶品种)

夏季选取测试植株的当年生枝中段完全展开的新叶作为测试材料，采用目测法观测叶片次色。根据观察结果，与标准比色卡进行对照，按照最大相似原则，确定种质的叶片次色。

1 白

2 黄

3 红

4 紫

5.35 叶片裂数

以树冠外围正常长枝基部向上第 3~5 个成熟叶片为观测对象，采用目测法观察叶片的裂数。

1 3 裂

2 5 裂

3 3 裂和 5 裂

5.36 叶裂深度

以 5.35 选取的成熟叶片作为观测对象，采用目测法观察叶裂深度。根据叶裂深度模式图，确定叶裂深度。

1 浅(裂口深度不及或约达整个叶片宽度的 1/3)

2 中(裂口深度超过整个叶片宽度的 1/3)

3 深(裂口深度几乎达到叶片的中脉)

5.37 叶片中裂片与邻侧裂片夹角

以 5.35 选取的成熟叶片作为观测对象，采用目测法观察叶片中裂片与邻侧裂片的夹角。根据叶片中裂片与邻侧裂片夹角模式图，确定叶片中裂片与邻侧裂片夹角。

1 小(叶片中裂片与邻侧裂片的夹角小于 45°)

2 中(叶片中裂片与邻侧裂片的夹角 40°~90°)

3 大(叶片中裂片与邻侧裂片的夹角大于 90°)

5.38 叶片中裂片形状

以 5.35 选取的成熟叶片作为观测对象，采用目测法观察叶片中裂片的形状。根据叶片中裂片形状模式图，确定叶片中裂片形状。

1 披针形

2 三角形

3 卵形

4 阔卵圆形

5 条形

5.39 中裂片是否开裂

以 5.35 选取的成熟叶片为观测对象，采用目测法观察叶片的中裂片是否开裂。

1 是

2 否

5.40 中裂片叶缘

以 5.35 选择的叶片为观测对象，采用目测法观测叶片中裂片叶缘。根据中裂片叶缘的模式图，确定中裂片叶缘。

1　全缘

2　尖锐细锯齿

3　浅波状齿

4　不规则粗齿

5.41　中裂片顶端形状

以5.35选择的叶片为观测对象，采用目测法观测叶片中裂片顶端形状。根据中裂片顶端形状模式图，确定中裂片顶端形状。

1　长渐尖

2　渐尖

3　急尖

4　突尖

5　圆钝

5.42　单叶鲜重

以成龄树树冠外围正常长枝的第3~5个叶片为观测对象，共测量30个叶片，用天平称重，并求出叶片的平均鲜重，单位为g，精确到0.1 g。

5.43　单叶干重

以成龄树树冠外围正常长枝的第3~5个叶片为观测对象，共测量30个叶片，在105℃烘箱中，4 h烘干后，用天平称重，并求出其平均重。单位为g，精确到0.1 g。

5.44　叶片含水量

参考5.42和5.43方法测出的叶子鲜重和叶子干重的值，计算出叶子鲜重与叶子干重的差值和叶子鲜重的比值，即为叶片含水量，以百分数(%)表示。

5.45　宿存萼齿

采用目测法观察枫香属蒴果是否有宿存萼齿。

1　无或极短

2　有

5.46　果(蒴果)径

共观测30个果实(蒴果)，采用游标卡尺测量其垂直于果柄的直径，求其平均值。单位为cm，精确到0.1 cm。

5.47　果柄长

共观测30个果实(蒴果)，采用游标卡尺测量其果柄长度，求其平均值。单位为cm，精确到0.1 cm。

5.48 种皮颜色

随机取 30 个完全成熟的种子，用目测法观察种子外观的颜色。

根据观察结果，与 The Royal Horticultural Society's Colour Chart 标准色卡上相应代码的颜色进行比对，按照最大相似原则，确定种子外观的颜色。

1 灰

2 褐

3 灰褐

5.49 单株结果量

随机选择 3 株生长正常的成龄树，单株采收，称取成龄树单株的结果重量，单位 kg，精确到 0.1 kg，取其平均值。

5.50 单果种子数

以 5.46 中采集的果实为观测对象，取 10 个蒴果，并放于阴凉处进行阴干，统计果实成熟期单个果实中平均种子数量。记录实测数据，计算平均值。单位为粒。

5.51 种子饱满程度

以 5.48 中得到的种子为观测对象，采用目测法观察种子的饱满程度。

1 瘪(种子体积不到理想饱满体积的 70%)

2 不饱满(种子体积为理想饱满体积的 70%~95%)

3 饱满(种子体积与理想饱满种子体积偏差在 5%以内)

5.52 种子千粒重

以 5.48 中得到的纯净种子为观测对象，采用四分法进行取样，取 100 粒成熟饱满的种子于电子天平上进行称重，重复 8 次称量。记录实测数据，计算平均值，由此得出千粒重。单位为 g，精确到 0.1 g。

5.53 发芽率

随机抽样选取 100 粒种子进行发芽试验，发芽终期在规定日期内的全部正常发芽种子数占测试种子总数的百分比，以百分数(%)表示。

5.54 种子长

随机取 30 个完全成熟的种子，用种子扫描仪测量种子的长度，并求其平均值。单位为 mm，精确到 0.1 mm。

5.55 种子宽

随机取 30 个完全成熟的种子，用种子扫描仪测量种子的宽度，并求其平均值。单位为 mm，精确到 0.1 mm。

5.56 种子长宽比

种子长度与宽度的比值。参考 5.54 和 5.55 方法测出的种子长度和种子宽度的值，计算出种子长宽比。

5.57　种翅长

随机取30个完全成熟的种子，用游标卡尺测量种翅的长度，并求其平均值。单位为mm，精确到0.1 mm。

5.58　种翅宽

随机取30个完全成熟的种子，用游标卡尺测量种翅的宽度，并求其平均值。单位为mm，精确到0.1 mm。

5.59　种翅长宽比

种翅长度与宽度的比值。参考5.57和5.58方法测出的种翅长度和种翅宽度的值，计算出种翅长宽比。

5.60　萌芽期

于早春采用目测的方法，观察并记录树冠阳面中上部当年生枝顶端5%冬芽的芽鳞开始裂口的日期，以“月日”表示。

5.61　抽梢期

采取目测的方法，观察并记录枫香属树冠外围5%的枝条开始抽梢的日期，以“月日”表示。

5.62　展叶期

在枫香属展叶期，采用目测法，观察整个植株，树冠外围一年生枝的嫩梢有5%的第1~2片幼叶展开的日期，以“月日”表示。

5.63　始花期

采用目测的方法，观察并记录枫香属全树5%的花完全开放的日期，以“月日”表示。

5.64　盛花期

于枫香属开花期采用目测的方法，观察并记录全树25%的花完全开放的日期，以“月日”表示。

5.65　末花期

于枫香属开花期采用目测的方法，观察并记录全树75%的花瓣变色、开始落瓣的日期，以“月日”表示。

5.66　果实成熟期

在枫香属结果期采取目测的方法，观察并记录全树50%的果实颜色由绿色转变为黄色的日期，以“月日”表示。

5.67　果实发育期

从枫香属盛花期开始，到果实成熟期，计算果实发育所经历的天数，单位为d。

5.68 秋色叶变色始期

于秋季叶色变色期间，采用目测法观察并记录全树有 10%的叶片变色时的日期，为秋叶变色始期，以“月日”表示。

5.69 落叶期

全树 25%的叶片自然脱落的日期，以“月日”表示。

5.70 落叶末期

全树 90%叶片自然脱落的时间，为落叶末期，以“月日”表示。

5.71 秋色叶持续时间

从秋色叶变色始期计算至落叶末期持续的天数，单位为 d。

5.72 生长期

计算萌芽期至落叶期的天数，单位为 d。

6 品质特性

6.1 枫脂精油含量

取树脂称重(M)，采用常压水蒸气蒸馏，收集 180℃(包括 180℃时)之前的枫脂精油，精油称重(m)，以 $m/M\times100\%$ 计算精油含量。以百分数(%)表示，精确到 0.1%。

6.2 精油：单萜烯含量

量取 6.1 中得到的枫脂精油进行 GC-MS 分析化学成分检测。枫脂精油中各成分的鉴定，主要依据各成分的质谱图与两大质谱数据库 Mainlib、Replib 中的标准质谱数据进行计算机自动比对，少数依据相对保留时间、质谱数据与标准样品的数据相结合的方法进行鉴定。枫脂精油中各成分的含量测定，按其气相色谱峰面积的大小，采用面积归一化法定量计算单萜烯含量，以百分数(%)表示，精确到 0.1%。

6.3 精油：半萜烯含量

量取 6.1 中得到的枫脂精油进行 GC-MS 分析化学成分检测。枫脂精油中各成分的鉴定，主要依据各成分的质谱图与两大质谱数据库 Mainlib、Replib 中的标准质谱数据进行计算机自动比对，少数依据相对保留时间、质谱数据与标准样品的数据相结合的方法进行鉴定。枫脂精油中各成分的含量测定，按其气相色谱峰面积的大小，采用面积归一化法定量计算半萜烯含量，以百分数(%)表示，精确到 0.1%。

6.4 叶片总灰分含量

按《中华人民共和国药典》(2010 年版一部)附录 IXK 灰分测定法测定，

以百分数(%)表示，精确到0.1%。

6.5 叶片酸不溶性灰分含量

按《中华人民共和国药典》(2010年版一部)附录IXK酸不溶性灰分测定法测定，以百分数(%)表示，精确到0.1%。

6.6 叶片水溶性浸出物含量

按《中华人民共和国药典》(2010年版一部)附录XA水溶性浸出物测定项下冷浸法测定，以百分数(%)表示，精确到0.1%。

6.7 叶片黄酮类含量

随机选取30片成熟叶片，用高效液相色谱测定叶片中总黄酮的含量，以百分数(%)表示，精确至0.1%。

6.8 一年生植株苗高

选取30株一年生小苗(随机抽取，常规栽培管理，下同)，用尺子测量苗高，求其平均值，单位为cm。

6.9 一年生植株地径

选取30株一年生小苗，测定苗干靠近地表面处直径，取其平均值，单位为cm。

6.10 树高平均生长量

选取该品种或无性系5株成年植株(8~20年生大树)，用测高器测量树高，计算年均树高生长量，单位为cm，保留1位小数。

6.11 胸径平均生长量

选取该品种或无性系5株成年植株(8~20年生大树)，用胸径尺测量胸径，计算年均胸径生长量，单位为cm，保留1位小数。

6.12 材积平均生长量

选取该品种或无性系5株成年植株(8~20年生大树)，用测高器测量树高，胸径尺测量胸径，对照公示计算单株材积，计算材积平均生长量，单位为m^3，保留3位小数。

6.13 古树

根据树龄进行判断，树龄大于100年的是古树。

根据树龄进行确定。

1 是(树龄≥100年)

2 否(树龄<100年)

6.14 古树胸径

在树干1.3 m处用小钢尺测量枫香属古树的胸径，单位为cm。

6.15 古树树高

选取30株成龄树用测高器测量树高，求其平均值，单位为m，精确到

0.1 m。

6.16 古树冠幅

测量古树的东西冠幅和南北冠幅，单位为 m，精确到 0.1 m。

6.17 古树树龄

通过现场确认及文献记载来确定古树的年龄，单位为年。

6.18 古树级别

根据古树树龄确定古树的级别。

1 一级(树龄≥500 年)

2 二级(300 年≤树龄<500 年)

3 三级(树龄<300 年)

6.19 木材基本密度

按照 GB 1933—1991 中具体方法进行测定，单位为 g/cm^3，精确到 0.001 g/cm^3。

6.20 枫香属木材纤维长度

采用显微镜测定法或近红外光谱技术测定枫香属木材纤维的长度，单位为 mm，精确到 0.1 mm。

6.21 木材纤维宽度

采用显微镜测定法或近红外光谱技术测定枫香属木材纤维的宽度，单位为 μm，精确到 0.1 μm。

6.22 木材纤维长宽比

采用显微镜测定法或近红外光谱技术测定枫香属木材纤维的长度和宽度，根据测定结果，确定枫香属木材纤维的长度和宽度的比值。

6.23 木材纤维含量

将测定的木芯在 105℃ 干燥箱中将其烘干至恒重，测定绝干木芯的质量，采用硝酸乙醇法，按 800 mL 乙醇(95%)加 200 mL 硝酸(相对密度 1.42)配液，将样品置于 25 mL 配液中水浴加热 1 h 后滤干，残渣烘至绝干称质量。

纤维含量=绝干残渣重量/绝干样品质量×100%

6.24 木材造纸得率

采用硫酸盐法测定造纸得率，具体条件为：用碱量 17%(Na_2O 计)，硫化度 20%，液比 1∶5，最高蒸煮温度 165℃，升温时间 100 min，保温时间 60 min。

6.25 木材顺纹抗压强度

按照 GB 1935—1991 在 MW-4 型万能木材力学试验机上测定。单位为 MPa，精确到 0.1 MPa。

根据测定结果及下列标准，确定枫香属木材顺纹抗压强度的大小。

1 高(顺纹抗压强度≥50 MPa)

2 较高(40 MPa≤顺纹抗压强度<50 MPa)

3 中(30 MPa≤顺纹抗压强度<40 MPa)

4 较低(20 MPa≤顺纹抗压强度<30 MPa)

5 低(顺纹抗压强度<20 MPa)

6.26 枫香属木材抗弯强度

按照 GB 1936.1—2009 在 MW-4 型万能木材力学试验机上测定。单位为 MPa，精确到 0.1 MPa。

根据测定结果及下列标准，确定枫香属木材抗弯强度的大小。

1 高(抗弯强度≥15 MPa)

2 较高(10 MPa≤抗弯强度<15 MPa)

3 中(8 MPa≤抗弯强度<10 MPa)

4 较低(6 MPa≤抗弯强度<8 MPa)

5 低(抗弯强度<6 MPa)

6.27 木材干缩系数

沿树干方向自嫁接口以上 0.5 m 处开始，每隔 1 m 取一木段，一般取 3~4 个木段。沿平行于树干尖削度的方向锯出数根试条，试条厚度不小于 35 mm。在室内堆放成通风较好的木垛，进行大气干燥，达到平衡含水率后，按照国家标准 GB 1927—1943—91《木材物理力学性质试验方法》测定并计算枫香属的体积全干缩率。单位为%，精确度 0.1%。

根据测定结果，确定木材干燥时体积收缩率与纤维饱和点之比值，即为木材干缩系数。

6.28 木材弹性模量

按照 GB 1936.2—1991 在试验机上测定。单位为 MPa，精确到 10 MPa。

根据测定结果，确定木材在弹性变形阶段的弹性模量。

6.29 木材硬度

按照 GB 1941—2009 在试验机和电触型硬度试验设备上测定。单位为 N，精确到 10 N。

根据测定结果，确定木材的硬度。

1 硬(硬度≥8000 N)

2 中(7000 N≤硬度<8000 N)

3 软(硬度≤7000 N)

6.30 木材冲击韧性

按照 GB 1940—2009 在摆锤式冲击试验机上测定。单位为 kJ/m^2，精确到

1 kJ/m²。

根据测定结果，确定枫香属木材抵抗冲击荷载的能力。

1　强（木材冲击韧性≥90 kJ/m²）

2　中（60 kJ/m²≤木材冲击韧性<90 kJ/m²）

3　软（木材冲击韧性≤60 kJ/m²）

7　抗逆性

7.1　抗旱性

抗旱性鉴定采用断水法（参考方法）。

取30株生长一致的一年生实生苗，无性系种质间的抗旱性比较试验要用同一类型砧木的嫁接苗或者植株高度、粗度、根系发育较一致的扦插苗。将小苗栽植于容器中，同时耐旱性强、中、弱各设对照。待幼苗长至30 cm左右时，人为断水，待耐旱性强的对照品种出现中午萎蔫、早晚舒展时，恢复正常管理。并对试材进行受害程度调查，确定每株试材的受害级别，根据受害级别计算受害指数，再根据受害指数的大小评价枫香属种质的抗旱能力。

根据叶片旱害症状将旱害级别分为6级。

级别	旱害症状
0	与对照无差异，无旱害症状
1	叶片萎蔫<25%
2	25%≤叶片萎蔫<50%
3	50%≤叶片萎蔫<75%
4	叶片萎蔫≥75%，部分叶片脱落
5	植株叶片全部脱落

根据旱害级别计算旱害指数，计算公式为：

$$DI = \frac{\sum(x \cdot n)}{X \cdot N} \times 100$$

式中：DI——旱害指数

x——旱害级数

n——受害株数

X——最高旱害级数

N——受旱害的总株数

根据旱害指数及下列标准确定种质的抗旱能力。

1 强(旱害指数<35.0)

2 中(35.0≤旱害指数<65.0)

3 弱(旱害指数≥65.0)

7.2 耐涝性

耐涝性鉴定采用水淹法(参考方法)。

春季将供试种子播种在容器内，每份种质播30粒，播后进行正常管理；测定无性系种质的耐涝性，要采用同一类型砧木的嫁接苗或者生长一致的扦插苗。耐涝性强、中、弱的种质各设对照。待幼苗长至30 cm左右时，往容器内灌水，使试材始终保持水淹状态。待耐涝性中等的对照品种出现涝害时，恢复正常管理。对试材进行受害程度调查，分别记录枫香属种质每株试材的受害级别，根据受害级别计算受害指数，再根据受害指数大小评价各种质的耐涝能力。根据涝害症状将涝害分为6级。

级别	涝害症状
0	与对照无差异，无涝害症状
1	叶片受害<25%，少数叶片的叶缘出现棕色
2	25%≤叶片受害<50%，多数叶片的叶缘出现棕色
3	50%≤叶片受害<75%，叶片出现萎蔫或枯死<30%
4	叶片受害≥75%，30%≤枯死叶片<50%
5	全部叶片受害，枯死叶片≥50%

根据涝害级别计算涝害指数，计算公式为：

$$WI = \frac{\sum(x \cdot n)}{X \cdot N} \times 100$$

式中：WI——涝害指数

x——涝害级数

n——涝害株数

X——最高涝害级数

N——受涝害的总株数

根据涝害指数及下列标准，确定种质的耐涝程度。

1 强(涝害指数<35.0)

2 中(35.0≤涝害指数<65.0)

3 弱(涝害指数≥65.0)

7.3 抗寒性

耐寒性鉴定采用人工冷冻法(参考方法)。

在深休眠的1月，从种质成龄结果树上剪取中庸的结果母枝30条，剪口蜡封后置于-25℃冰箱中处理24 h，然后取出，将枝条横切，对切口进行受害程度调查，记录枝条的受害级别。根据受害级别计算枫香属种质的受害指数，再根据受害指数大小评价枫香属种质的抗寒能力。抗寒级别根据寒害症状分为6级。

级别	寒害症状
0	与对照无差异，未发生冻害
1	枝条木质部变褐部分<30%
2	30%≤枝条木质部变褐部分<50%
3	50%≤枝条木质部变褐部分<70%
4	70%≤枝条木质部变褐部分<90%
5	枝条基本全部冻死

根据寒害级别计算寒害指数，计算公式为：

$$CI = \frac{\sum(x \cdot n)}{X \cdot N} \times 100$$

式中：CI——寒害指数

x——寒害级数

n——寒害株数

X——最高寒害级数

N——受寒害的总株数

根据寒害指数及下列标准确定种质的抗寒能力。

1 强(寒害指数<35.0)

2 中(35.0≤寒害指数<65.0)

3 弱(寒害指数≥65.0)

7.4 耐盐碱能力

耐盐碱能力鉴定采用咸水灌溉法(参考方法)。

春季将供试种子播种在容器内，每份种质播30粒，播后进行正常管理；测定无性系种质的耐盐碱能力，采用同一类型砧木的嫁接苗或者生长一致的扦插苗。耐盐碱能力强、中、弱的种质各设对照。待幼苗长至30 cm左右时，往容器内灌咸水，使试材始终保持水淹状态。待耐盐碱能力中等的对照品种出现盐害时，恢复正常管理。对试材进行受害程度调查，分别记录枫香属种质每株试材的受害级别，根据受害级别计算受害指数，再根据受害指数大小评价各种质的耐盐碱能力。根据盐害症状将盐害分为6级。

级别	盐害症状
0	与对照无差异，无盐害症状
1	叶片受害<25%，少数叶片的叶缘出现褐色
2	25%≤叶片受害<50%，多数叶片的叶缘出现褐色
3	50%≤叶片受害<75%，叶片出现萎蔫或枯死<30%
4	叶片受害≥75%，30%≤枯死叶片<50%
5	全部叶片受害，枯死叶片≥50%

根据盐害级别计算盐害指数，计算公式为：

$$WI = \frac{\sum(x \cdot n)}{X \cdot N} \times 100$$

式中：*WI*——盐害指数

x——盐害级数

n——各级盐害株数

X——最高盐害级数

N——总株数

根据盐害指数及下列标准，确定种质的耐盐碱程度。

1 强(盐害指数<35.0)

2 中(35.0≤盐害指数<65.0)

3 弱(盐害指数≥65.0)

7.5 抗晚霜能力

抗晚霜能力鉴定采用人工制冷法(参考方法)。

春季芽萌出后，从成龄结果树上剪取中庸的结果母枝30条，剪口蜡封后置于-5~-2℃冰箱中处理6 h，取出放入10~20℃室内保湿，24 h后调查其受害程度，调查每份种质的每一枝条上萌动花芽或新梢的受害级别，根据受害级别计算各种质的受害指数，再根据受害指数的大小评价各种质的抗晚霜能力。抗晚霜能力的级别根据花芽受冻症状分为6级。

级别	受冻症状
0	与对照无差异，无受冻症状
1	花芽或新梢颜色变褐部分<30%
2	30%≤花芽或新梢颜色变褐部分<50%
3	50%≤花芽或新梢颜色变为深褐部分<70%
4	70%≤花芽或新梢颜色变为深褐色部分<90%
5	花芽或新梢全部受冻害，枝条枯死

根据母枝受冻症状级别计算受冻指数，计算公式为：

$$CI = \frac{\sum (x \cdot n)}{X \cdot N} \times 100$$

式中：CI——受冻指数

x——受冻级数

n——各级受冻枝数

X——最高受冻级数

N——总枝条数

种质抗晚霜能力根据受冻指数及下列标准确定。

1　强(受冻指数<35.0)

2　中(35.0≤受冻指数<65.0)

3　弱(受冻指数≥65.0)

8　抗病虫性

8.1　漆斑病抗性

漆斑病抗性鉴定采用田间调查法。

每份种质随机取样 3~5 株，记载每株的发病情况、并记录有病斑的个数、群体类型、立地条件、栽培管理水平和病害发生情况等。根据症状病情分为 6 级。

级别	症状
0	无病症
1	叶片出现少量圆形至不规则形褐色病斑
2	叶片病斑增多，外围有大片的黄色变色区
3	叶片病斑继续扩展，叶面出现黑色斑点
4	叶片正反面出现明显的黑色锈点，叶面有明显的褪绿黑色病斑，嫩叶停止生长
5	叶片正反面出现明显的黑色斑点，叶面有明显的褪绿黑色病斑，嫩叶停止生长，叶片纷纷脱落，影响整株树木正常生长

根据病害级别和染病率，按下列公式计算病情指数。

$$DI = \frac{\sum (x \cdot n)}{X \cdot N} \times 100$$

式中：DI——病害指数

x——该级病害代表值

n——染病叶片数

X——最高病害级的代表值

N——调查的总叶片数

根据病情指数及下列标准确定种质的抗病性。

1　高抗(HR)(病情指数<5)

3　抗(R)(5≤病情指数<10)

5　中抗(MR)(10≤病情指数<20)

7　感(S)(20≤病情指数<40)

9　高感(HS)(40≤病情指数)

8.2　黑斑病抗性

黑斑病抗性鉴定采用田间调查法。

每份种质随机取样3~5株，记载每株的发病情况、群体类型、立地条件、栽培管理水平和病害发生情况等。

根据症状病情分为6级。

级别	症状
0	无病症
1	叶片正反面出现褐色小斑点，叶色开始变黄
2	叶片正反面褐色小斑点逐渐扩展成为圆形、近圆形或不规则病斑，叶色变黄
3	叶片正反面褐色小斑点逐渐扩展成为圆形、近圆形或不规则病斑，病斑边缘呈放射形
4	叶片正反面褐色小斑点逐渐扩展成为圆形、近圆形或不规则病斑，叶面病斑中央组织变为灰白色，嫩叶停止生长，叶片开始变扭曲和皱缩
5	叶片正反面褐色小斑点逐渐扩展成为圆形、近圆形或不规则病斑，灰白色中央组织上着生黑色的小点粒，嫩叶停止生长，叶片变扭曲、皱缩，嫩芽枯死，影响整株树木正常生长

根据病害级别和发病率，按下列公式计算病害指数。

$$DI = \frac{\sum(x \cdot n)}{X \cdot N} \times 100$$

式中：DI——病害指数

x——该病害级代表值

n——染病株数

X——最高病害级的代表值

N——调查的总枝数

根据病害指数及下列标准确定种质的抗病性。

1　高抗（HR）（病情指数<5）

3　抗（R）（5≤病情指数<10）

5　中抗（MR）（10≤病情指数<20）

7　感（S）（20≤病情指数<40）

9　高感（HS）（40≤病情指数）

8.3　白粉病抗性

白粉病抗性鉴定采用田间调查法。

每份种质随机取样 3~5 株，记载每株的发病情况、群体类型、立地条件、栽培管理水平和病害发生情况等。根据症状病情分为 6 级。

级别	症状
0	无病症
1	叶片正反面略微出现片状白粉薄层，略微出现黄斑，叶色变黄
2	叶片正反面出现片状白粉薄层，出现黄斑，叶色开始变黄
3	叶片正反面出现较明显的片状白粉薄层，叶面有褪绿的黄色斑块，叶色变黄
4	叶片正反面出现明显的片状白粉薄层，叶面有明显的褪绿黄色斑块，叶色变黄，嫩叶停止生长，叶片开始变扭曲和皱缩
5	叶片正反面出现明显的片状白粉薄层，叶面有明显褪绿黄色斑块，叶色变黄，嫩叶停止生长，叶片变扭曲、皱缩，嫩芽枯死，影响整株树木正常生长

根据病害级别和染病率，按下列公式计算病情指数。

$$DI = \frac{\sum(x \cdot n)}{X \cdot N} \times 100$$

式中：DI——病害指数

x——该病害级代表值

n——染病株数

X——最高病害级的代表值

N——调查的总枝数

根据病害指数及下列标准确定种质的抗病性，分为 5 级。

1　高抗（HR）（病情指数<5）

3　抗（R）（5≤病情指数<10）

5　中抗（MR）（10≤病情指数<20）

7　感（S）（20≤病情指数<40）

9　高感（HS）（40≤病情指数）

8.4 樟蚕抗性

观测部位：整个植株。

观测方法：目测新梢感染樟蚕的数量和程度。对于抗性种质要进行人工接种鉴定：5 月，选取长势正常的植株，每株选择长势中庸的新梢 10 个，每个新梢接种樟蚕 50 只，然后用银灰色防虫网罩住，1 周后进行抗性调查。

根据症状病情分为 6 级。

级别	标准
1	未发现虫害
2	有虫害但未造成为害
3	轻微为害
4	为害较重，为害叶片数量超过新梢叶量的 50%
5	为害极重，所有叶片为害

根据受害级别计算虫害指数，计算公式为：

$$DI = \frac{\sum(x \cdot n)}{X \cdot N} \times 100$$

式中：DI——虫害指数

x——该虫级代表值

n——染病株数

X——最高虫害级的代表值

N——调查的总枝数

根据虫害指数及下列标准确定种质的抗虫性，分为 5 级。

1 高抗(HR)(虫害指数<20)

3 抗(R)(20≤虫害指数<40)

5 中抗(MR)(40≤虫害指数<60)

7 感(S)(60≤虫害指数<80)

9 高感(HS)(80≤虫害指数)

8.5 天幕毛虫抗性

观测部位：整个植株。

观测方法：目测新梢感染天幕毛虫的数量和程度。对于抗性种质要进行人工接种鉴定：5 月，选取长势正常的植株，每株选择长势中庸的新梢 10 个，每个新梢接种天幕毛虫 50 只，然后用银灰色防虫网罩住，1 周后进行抗性调查。

根据症状病情分为 6 级。

级别	标准
1	未发现虫害
2	有虫害但未造成为害
3	轻微为害
4	为害较重，为害叶片数量超过新梢叶量的 50%
5	为害极重，所有叶片为害

根据受害级别计算虫害指数，计算公式为：

$$DI = \frac{\sum(x \cdot n)}{X \cdot N} \times 100$$

式中：*DI*——虫害指数

x——该虫级代表值

n——染病株数

X——最高虫害级的代表值

N——调查的总枝数

根据虫害指数及下列标准确定种质的抗虫性，分为 5 级。

1 高抗(HR)(虫害指数<20)

3 抗(R)(20≤虫害指数<40)

5 中抗(MR)(40≤虫害指数<60)

7 感(S)(60≤虫害指数<80)

9 高感(HS)(80≤虫害指数)

8.6 大蚕蛾抗性

观测部位：整个植株。

观测方法：目测新梢感染大蚕蛾的数量和程度。对于抗性种质要进行人工接种鉴定：5 月，选取长势正常的植株，每株选择长势中庸的新梢 10 个，每个新梢接种大蚕蛾 50 只，然后用银灰色防虫网罩住，1 周后进行抗性调查。

根据症状病情分为 6 级。

级别	标准
1	未发现虫害
2	有虫害但未造成为害
3	轻微为害
4	为害较重，为害叶片数量超过新梢叶量的 50%
5	为害极重，所有叶片为害

根据受害级别计算虫害指数，计算公式为：

$$DI=\frac{\sum(x \cdot n)}{X \cdot N}\times 100$$

式中：DI——虫害指数

x——该虫级代表值

n——染病株数

X——最高虫害级的代表值

N——调查的总枝数

根据虫害指数及下列标准确定种质的抗虫性，分为 5 级。

1 高抗(HR)(虫害指数<20)

3 抗(R)(20≤虫害指数<40)

5 中抗(MR)(40≤虫害指数<60)

7 感(S)(60≤虫害指数<80)

9 高感(HS)(80≤虫害指数)

8.7 栎毛虫抗性

观测部位：整个植株。

观测方法：目测新梢感染栎毛虫的数量和程度。对于抗性种质要进行人工接种鉴定：5 月，选取长势正常的植株，每株选择长势中庸的新梢 10 个，每个新梢接种栎毛虫 50 只，然后用银灰色防虫网罩住，1 周后进行抗性调查。

根据症状病情分为 6 级。

级别	标准
1	未发现虫害
2	有虫害但未造成为害
3	轻微为害
4	为害较重，为害叶片数量超过新梢叶量的 50%
5	为害极重，所有叶片为害

根据受害级别计算虫害指数，计算公式为：

$$DI=\frac{\sum(x \cdot n)}{X \cdot N}\times 100$$

式中：DI——虫害指数

x——该虫级代表值

n——染病株数

X——最高虫害级的代表值

N——调查的总枝数

根据虫害指数及下列标准确定种质的抗虫性，分为 5 级。

1　高抗(HR)(虫害指数<20)
3　抗(R)(20≤虫害指数<40)
5　中抗(MR)(40≤虫害指数<60)
7　感(S)(60≤虫害指数<80)
9　高感(HS)(80≤虫害指数)

9　其他特征特性

9.1　指纹图谱与分子标记

对重要的枫香属种质或品种以及重要性状进行分子标记并构建指纹图谱，记录分子标记分析及构建指纹图谱的方法(ISSR、SSR、AFLP 等)，并注明所用引物、特征带的分子大小或序列以及分子标记的性状和连锁距离。

9.2　备注

种质特殊描述符或特殊代码的具体说明。

枫香属种质资源数据采集表

1　基本信息			
资源流水号(1)		资源编号(2)	
种质名称(3)		种质外文名(4)	
科中文名(5)		科拉丁名(6)	
属中文名(7)		属拉丁名(8)	
种名或亚种名(9)		种拉丁名(10)	
原产地(11)		原产省(12)	
国家(13)		来源地(14)	
归类编码(15)		资源类型(16)	1:野生资源(群体、种源)　2:野生资源(家系)　3:野生资源(个体、基因型)　4:地方品种　5:选育品种　6:遗传材料　7:其他
主要特征(17)	1:高产　2:优质　3:抗病　4:抗虫　5:抗逆　6:高效　7:其他		
主要用途(18)	1:材用　2:食用　3:药用　4:防护　5:观赏　6:其他		
气候带(19)	1:热带　2:亚热带　3:温带　4:寒温带　5:寒带		
生长习性(20)	1:喜光　2:耐盐碱　3:喜水肥　4:耐干旱		
开花结实特性(21)		特征特性(22)	
具体用途(23)		观测地点(24)	
繁殖方式(25)	1:有性繁殖(种子繁殖)　2:无性繁殖(扦插繁殖)　3:无性繁殖(嫁接繁殖)　4:无性繁殖(根繁)　5:无性繁殖(分蘖繁殖)　6:无性繁殖(组织培养/体细胞培养)		
选育单位(26)		育成年份(27)	
海拔(28)	m	经度(29)	
纬度(30)		土壤类型(31)	

（续）

生态环境(32)		年均温度(33)	℃	
年均降水量(34)	mm	图像(35)		
记录地址(36)		保存单位(37)		
单位编号(38)		库编号(39)		引种号(40)
采集号(41)		保存时间(42)		
保存材料类型(43)	1:植株　2:种子　3:营养器官(穗条、根穗)　4:花粉　5:培养物(组培材料)　6:其他			
保存方式(44)	1:原地保存　2:异地保存　3:设施(低温库)保存			
实物状态(45)	1:良好　2:中等　3:较差　4:缺失			
共享方式(46)	1:公益性　2:公益借用　3:合作研究　4:知识产权交易　5:资源纯交易　6:资源租赁　7:资源交换　8:收藏地共享　9:行政许可　10:不共享			
获取途径(47)	1:邮递　2:现场获取　3:网上订购　4:其他			
联系方式(48)				
源数据主键(49)		关联项目及编号(50)		
2　形态特征和生物学特性				
生活型(51)	1:乔木　2:小乔木	树龄(52)	年	
树高(53)	m	胸径(54)	cm	
冠幅(55)	m	冠形(56)	1:柱状　2:窄卵球形　3:卵球形　4:阔卵球形　5:圆锥形　6:球形	
树姿(57)	1:近直立　2:斜上伸展　3:近平展　4:半下垂	树高通直度(58)	1:通直　2:略弯　3:弯曲	
自然整枝(59)	1:差　2:较差　3:中等　4:较好　5:好	幼树树皮表面形态(60)	1:平滑　2:纵向裂纹　3:块状开裂	
幼树栓翅密度(61)	1:无或近无　2:少　3:中　4:多			
幼树栓翅着生部位(62)	1:树干　2:枝条　3:树干和枝条	当年生枝粗(63)	mm	
当年生枝颜色(64)	1:黄　2:黄绿　3:绿　4:红　5:紫红	当年生枝花青素着色部位(65)	1:近无　2:仅枝条上部　3:全部	
叶片质地(66)	1:纸质　2:厚纸质　3:革质	叶片光泽(67)	1:弱　2:中　3:强	
叶面被毛(68)	1:无　2:稀疏　3:较密	叶背被毛(69)	1:无　2:稀疏　3:较密	
叶基形状(70)	1:平截　2:心形　3:深心形	叶长(71)	cm	
叶宽(72)	cm	叶柄长(73)	cm	

（续）

叶柄颜色(74)	1:黄　2:黄绿　3:中绿 4:深绿　5:红　6:紫	叶柄被毛(75)	1:无　2:稀疏　3:较密
托叶长(76)	cm	托叶与叶柄是否连生(77)	1:是　2:否
叶片是否复色(78)	1:是　2:否	叶片复色部位(79)	1:叶缘　2:叶中部　3:不规则
幼叶的主色(80)	1:黄　2:黄绿　3:中绿 4:深绿　5:红　6:紫 7:深紫	新叶的主色(81)	1:黄　2:黄绿　3:中绿 4:深绿　5:红　6:紫
夏季成熟叶上表面主色(82)	1:黄　2:黄绿　3:中绿 4:深绿　5:红　6:紫	秋季主色(83)	1:中绿　2:深绿　3:黄 4:橙黄　5:橙红　6:红 7:紫红　8:红褐
叶片次色(仅对复叶品种)(84)	1:白　2:黄　3:红　4:紫	叶片裂数(85)	1:3裂　2:5裂　3:3裂和5裂
叶裂深度(86)	1:浅　2:中　3:深	叶片中裂片与邻侧裂片夹角(87)	1:小　2:中　3:大
叶片中裂片形状(88)	1:披针形　2:三角形 3:卵形　4:阔卵圆形 5:条形	中裂片是否开裂(89)	1:是　2:否
中裂片叶缘(90)	1:全缘　2:尖锐细锯齿 3:浅波状齿　4:不规则粗齿	中裂片顶端形状(91)	1:长渐尖　2:渐尖　3:急尖　4:突尖　5:圆钝
单叶鲜重(92)	g	单叶干重(93)	g
叶片含水量(94)	%	宿存萼齿(95)	1:无或极短　2:有
果(蒴果)径(96)	cm	果柄长(97)	cm
种皮颜色(98)	1:灰　2:褐　3:灰褐	单株结果量(99)	kg
单果种子数(100)	粒	种子饱满程度(101)	1:瘪　2:不饱满　3:饱满
种子千粒重(102)	g	发芽率(103)	%
种子长(104)	mm	种子宽(105)	mm
种子长宽比(106)		种翅长(107)	mm
种翅宽(108)	mm	种翅长宽比(109)	
萌芽期(110)	月　日	抽梢期(111)	月　日
展叶期(112)	月　日	始花期(113)	月　日
盛花期(114)	月　日	末花期(115)	月　日
果实成熟期(116)	月　日	果实发育期(117)	d
秋色叶变色始期(118)	月　日	落叶期(119)	月　日

（续）

落叶末期(120)	月　日	秋色叶持续时间(121)	d
生长期(122)	d		
3　品质特性			
枫脂精油含量(123)	%	精油:单萜烯含量(124)	%
精油:半萜烯含量(125)	%	叶片总灰分含量(126)	%
叶片酸不溶性灰分含量(127)	%	叶片水溶性浸出物含量(128)	%
叶片黄酮类含量(129)	%		
一年生植株苗高(130)	cm	一年生植株地径(131)	cm
树高平均生长量(132)	cm	胸径平均生长量(133)	cm
材积平均生长量(134)	m^3		
古树(135)	1:是　2:否	古树胸径(136)	cm
古树树高(137)	m	古树冠幅(138)	m
古树树龄(139)	年	古树级别(140)	1:一级　2:二级　3:三级
木材基本密度(141)	g/cm^3	木材纤维长度(142)	mm
木材纤维宽度(143)	μm	木材纤维长宽比(144)	
木材纤维含量(145)	%	木材造纸得率(146)	%
木材顺压强度(147)	1:高　2:较高　3:中　4:较低　5:低	木材抗弯强度(148)	1:高　2:较高　3:中　4:较低　5:低
木材干缩系数(149)	%	木材弹性模量(150)	MPa
木材硬度(151)	1:硬　2:中　3:软	木材冲击韧性(152)	1:强　2:中　3:差
4　抗逆性			
抗旱性(153)	1:强　2:中　3:弱		
耐涝性(154)	1:强　2:中　3:弱		
抗寒性(155)	1:强　2:中　3:弱		
耐盐碱(156)	1:强　2:中　3:弱		
抗晚霜能力(157)	1:强　2:中　3:弱		
5　抗病虫性			

（续）

漆斑病抗性(158)	1:高抗　3:抗病　5:中抗　7:感病　9:高感
黑斑病抗性(159)	1:高抗　3:抗病　5:中抗　7:感病　9:高感
白粉病抗性(160)	1:高抗　3:抗病　5:中抗　7:感病　9:高感
樟蚕抗性(161)	1:高抗　3:抗病　5:中抗　7:感病　9:高感
天幕毛虫抗性(162)	1:高抗　3:抗病　5:中抗　7:感病　9:高感
大蚕蛾抗性(163)	1:高抗　3:抗病　5:中抗　7:感病　9:高感
栎毛虫抗性(164)	1:高抗　3:抗病　5:中抗　7:感病　9:高感
6　其他特征特性	
指纹图谱与分子标记(165)	
备注(166)	

填表人：　　　　审核：　　　　日期：

枫香属种质资源调查登记表

调查人		调查时间	年　　月　　日
采集资源类型	□野生资源(群体、种源)　□野生资源(家系) □野生资源(个体、基因型)　□地方品种　□选育品种 □遗传材料　□其他		
采集号		照片号	
地点			
北纬	°　′　″	东经	°　′　″
海拔	m	坡度	°　坡向
土壤类型			
品种			
冠形	□柱状　□窄卵球形　□卵球形　□阔卵球形　□圆锥形　□球形		
树姿	□近直立　□斜上伸展　□近平展　□半下垂		
树干通直度	□通直　□略弯　□弯曲		
一年生枝颜色	□黄　□黄绿　□绿　□红　□紫红		
叶色	是否复色　□否　□是	复色部位	□叶缘　□叶中部　□不规则
幼叶主色	□黄　□黄绿　□中绿　□深绿　□红　□紫　□深紫		
新叶主色	□黄　□黄绿　□中绿　□深绿　□红　□紫		
秋叶主色	□中绿　□深绿　□黄　□橙黄　□橙红　□红　□紫红　□红褐		
小叶叶基形状	□平截　□心形　□深心形		
叶中裂片形状	□披针形　□三角形　□卵形　□阔卵圆形　□条形		
叶中裂片顶端形状	□长渐尖　□渐尖　□急尖　□突尖　□圆钝		
叶下表面茸毛	□无或近无　□少　□中　□多		
树龄	年　树高　m	胸径	cm
冠幅(东西×南北)	m	单株结果量	kg
其他描述			
权属		管理单位/个人	

填表人：　　　　　审核：　　　　　日期：

枫香属种质资源利用情况登记表

<table>
<tr><td>种质名称</td><td colspan="5"></td></tr>
<tr><td>提供单位</td><td></td><td>提供日期</td><td>年　　月　　日</td><td>提供数量</td><td></td></tr>
<tr><td>提供种质
类　　型</td><td colspan="5">地方品种□　育成品种□　高代品系□　国外引进品种□　野生种□
近缘植物□　遗传材料□　突变体□　其他□</td></tr>
<tr><td>提供种质
形　　态</td><td colspan="5">植株(苗)□　果实□　籽粒□　根□　茎(插条)□　叶□　芽□
花(粉)□　组织□　细胞□　DNA□　其他□</td></tr>
<tr><td>资源编号</td><td colspan="2"></td><td>单位编号</td><td colspan="2"></td></tr>
</table>

提供种质的优异性状及利用价值：

利用单位		利用时间	
利用目的			

利用途径：

取得实际利用效果：

种质利用单位盖章　　　　　　　　　种质利用者签名：

年　　月　　日

参考文献

陈凤毛，高捍东，施季森，2001. 枫香属种子生物学特性的研究进展[J]. 种子(1)：33-34.

高捍东，陈凤毛，施季森，2000. 枫香属种子成熟期的研究[J]. 南京林业大学学报(自然科学版)，24(3)：26-28.

李颖楠，2018. 枫香属品种资源评价及快繁技术研究[D]. 洛阳：河南科技大学.

林昌礼，2011. 枫香属彩叶新品种选育及繁殖技术研究与推广[D]. 临安：浙江农林大学.

刘就，刘和平，陈考科，等，2007. 枫香属种子性状研究进展[J]. 福建林业科技，34(2)：190-192.

刘明宣，辜云杰，夏川，等，2014. 枫香属地理种源变异与选择[J]. 四川林业科技，35(5)：13-16.

刘亚敏，刘玉民，马明，等，2010. 枫香属树叶总黄酮提取工艺优化及含量动态变化[J]. 食品科学，31(4)：35-38.

刘志林，倪士峰，刘惠，等，2009. 枫香属成分及其生物学活性研究进展[J]. 西北药学杂志，24(6)：513-515.

宋晓，曾韬，2010. 枫脂精油的化学组成[J]. 林产化学与工业(5)：44-48.

汪森，陈凤毛，2004. 不同家系枫香属种子贮藏活力分析[J]. 安徽林业科技(4)：5-6.

吴维茜，2013. 枫香属树脂浅色化技术及化学成分研究[D]. 南京：南京林业大学.

谢琼珺，钟有添，2014. 枫香属树叶的研究进展[J]. 赣南医学院学报 (4)：651-653.

熊林根，2012. 枫香属树材制备粘胶纤维浆粕技术研究[D]. 南京：南京林业大学.

袁惠，2014. 枫香属树叶化学成分及质量标准研究[D]. 南昌：南昌大学.

曾韬，宋晓，曾诚，2010. 枫香属采脂试验研究[J]. 林业工程学报，24(1)：94-97.

周侃侃，徐漫平，郭飞燕，等，2009. 枫香属木材性质及其加工性能研究[J]. 林业工程学报，23(5)：51-54.